建德市常见
脊椎动物图鉴

许在恩　库伟鹏　吴家森　编著

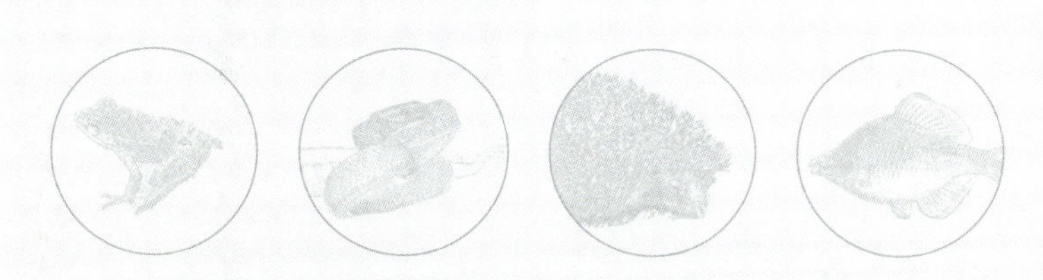

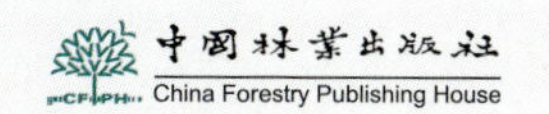

内容简介

经过3年的全面调查，项目组基本掌握了建德市脊椎动物的资源特征及分布规律，形成了本书的总论部分，即建德市脊椎动物的区系组成与特征，共记录鱼类动物10目23科112种，两栖动物2目9科28种，爬行动物2目10科51种，哺乳动物9目21科61种，鸟类17目52科298种。本图鉴共筛选出该市常见的182种脊椎动物，每种动物均配有特征图片，同时有中文名、学名、科名、形态特征、生境与分布等文字说明。该书的出版可为区域动物多样性保护、监测、科学普及等提供基础。

本书可供从事动物多样性保护、林业、园林、生态、环保等相关专业人员参考使用。

图书在版编目（CIP）数据

建德市常见脊椎动物图鉴 / 许在恩, 库伟鹏, 吴家森编著. -- 北京 : 中国林业出版社, 2024.5

ISBN 978-7-5219-2669-9

Ⅰ. ①建… Ⅱ. ①许… ②库… ③吴… Ⅲ. ①脊椎动物门—建德—图集 Ⅳ. ①Q959.308-64

中国国家版本馆CIP数据核字（2024）第075694号

策划编辑：许玮
责任编辑：许玮
装帧设计：刘临川

出版发行：中国林业出版社
（100009，北京市西城区刘海胡同7号，电话83143576）
电子邮箱：cfphzbs@163.com
网址：https://www.cfph.net
印刷：河北京平诚乾印刷有限公司
版次：2024年5月第1版
印次：2024年5月第1次
开本：787mm × 1092mm　1/16
印张：12.75
字数：303千字
定价：120.00元

建德市常见脊椎动物图鉴编委会

顾　问：傅定辉

主　编：许在恩　库伟鹏　吴家森

副主编：余　峰　林青松　鲍跃群　吴卫华　何诗杨　江彦苹

编写人员（按姓氏拼音排序）：

鲍跃群　邓国右　范建忠　何诗杨　黄　浩　胡瀚文　金　锦

库伟鹏　李　琨　李伟明　林青松　潘晨昊　彭健健　唐张轩

吴家森　吴琴勤　吴卫华　徐　懿　徐永宏　许在恩　叶子豪

余　峰　张前前　张诗峰　郑永敏

前言

PREFACE

建德市地处浙江省西部、钱塘江水系中上游、杭州—黄山黄金旅游线中段，获得中国优秀旅游城市、全国绿化模范城市、全国生态示范区、全国生态文明先进市、中国最具影响力旅游名城等荣誉称号。建德市属亚热带季风气候区，野生动物资源丰富，但市域范围内资源的家底不清，影响了其野生动物的保护与利用工作。

从2021年开始，建德市林业局联合浙江农林大学，对全市野生动物资源开展了系统的调查与研究，经过3年的努力，共记录鱼类动物10目23科112种，两栖动物2目9科28种，爬行动物2目10科51种，哺乳动物9目21科61种，鸟类17目52科298种。在此基础上，项目组精选了建德市常见的182种脊椎动物，编撰了《建德市常见脊椎动物图鉴》，对每种动物配有特征图片，同时有中文名、学名、科名、形态特征、生境与分布等文字说明。本书具有较强的科普性，可供从事生物多样性保护、林业、园林、生态环境保护等相关专业人员参考使用。

由于编者水平有限，书中难免有不足之处，敬请读者不吝批评、指正。

编著者

2024年春于杭州

目录

CONTENTS

建德市常见
脊椎动物图鉴

1 总论

第一节 / 自然概况

一、地理位置

建德市地处浙江省西部，钱塘江水系中上游，杭州—黄山黄金旅游线中段。地理位置介于东经118° 53′ 46″ ~119° 45′ 51″ ，北纬29° 12′ 20″ ~29° 46′ 27″ 。市境东与浦江县接壤，南与兰溪市和龙游县毗邻，西南与衢州市衢江区相交，西北与淳安县为邻，东北与桐庐县交界。东起姚村乡金郎坪村，西至李家镇大坑源村，长84.38千米；南起三河乡毕家村，北至乾潭镇胥岭村，宽62.93千米。市人民政府驻新安江街道。

建德市属杭州市管辖，离杭州市城区120千米；至衢州市城区104千米，离金华市城区69千米，至淳安县城33千米；320国道从乾潭镇后山村入境，跨越杨村桥、下涯、洋溪、新安江、更楼、寿昌、航头、大同，于李家镇界头村出境；330国道起于寿昌镇山峰村，经大慈岩镇檀村村出境；杭（州）新（安江）景（德镇）高速公路自东向西，贯穿全境，境内长58.57千米。浙赣铁路金（华）千（岛湖）支线由大慈岩镇檀村村入境，终至新安江街道岭后村。

建德市地处国务院首批公布的国家重点风景名胜区——富春江—新安江风景名胜区的中段，总长68千米，范围333平方千米。

二、气候

属亚热带季风气候区，具温暖湿润、雨量充沛、四季分明的亚热带季风气候特点。年平均气温16.9℃，最低月（1月）均温4.8℃，极端最低气温-9.5℃，最高月（7月）均温35.1℃，极端最高气温42.9℃，≥10℃年积温5360℃左右。年均无霜期为254天左右，常年11月下旬初霜，翌年3月中旬终霜。年平均降水量1500毫米，雨日160天左右，降水量季节分配不均，3–6月为多雨期，降雨量占全年的一半以上，日最大降雨量270毫米。年平均相对湿度78%，年均蒸发量1100毫米，降水量大于蒸发量。年均日照时数为1941小时，年总辐射量106.8千卡/平方厘米。常年多东北风。境内地形复杂，小气候类型多样，适宜各种林木生长。

灾害性气候主要有晚春的低温阴雨、梅汛期的暴雨洪涝、盛夏期的干旱、秋季的低

温、冬季的寒潮、冰霜冻和大雪以及春夏秋季的局部地区的冰雹、雷雨等，给林业生产带来了气候灾害。

三、地形地貌

市域地处浙西丘陵山地和金衢盆地毗连处，地表以分割破碎的低山丘陵为特色，地面起伏高差大，大部分地区地质构造属钱塘江凹槽带。整个地势为西北和东南两边高，中间低，自西南向东北倾斜。水系由周边向中间汇集，主要河流由西南流向东北，与山脉走向一致。

市域内地貌分低山、丘陵和小片平原3类。

低山：市域内山体，海拔500~1000米的低山有50.98万亩①，占总面积的14.60%，主要分布于西部的李家、长林、童家、石屏，北部的大洲、罗村，东部的姚村、凤凰和南部的马目、邓家一带。位于梅城的乌龙山，山体平地拔起，海拔909米，雄伟壮观，素称“严州镇山”。

低山的土壤母岩分别为：西北部由古生代砂岩、灰岩等沉积岩组成，地形破碎，山势陡峻，山坡流水侵蚀明显，切割较深，部分基岩裸露。山间沟谷狭窄，比降大。北部的姚村一带和中部的马目、邓家一带，由中生代火山岩构成，经风化形成奇峰怪石、悬崖峭壁，山间有多级小块平台，谷间开阔，缓丘起伏，土壤肥沃。

丘陵：市域内山体海拔500米以下、相对高程500~200米的丘陵面积为140.01万亩，占总面积的40.07%，分布于南部和西南部。50~200米的低丘面积为95.78万亩，占总面积的27.41%。其土壤母质由含砾火山凝灰岩组成，少部分由中生代红色砂页岩等沉积岩组成。地势较为平缓，谷地开阔，表层有发育土层。

平原：市域内小片平原面积为62.61万亩，占总面积的17.92%，为主要农业耕作区。集中分布于河流和沟谷两岸。溪流汇入干流口的地段，形成小片平原。面积较大的有安仁、乾潭、梅城、下涯、洋溪、于合、寿昌和大同等地。土壤深厚、肥沃，为主要产粮区。

四、土壤

市域内古代火山活动强烈，地壳升降变化较大，形成的岩石具有多样性。西北部以沉积岩为主，东南部以火成岩为主。土壤母质来源于沉积岩、火成岩等多种岩类岩石风化而成的残积体、坡积物以及山洪冲击物、河流冲击物等。

土壤类型：市域内土壤类型多样，主要有红壤、黄壤、岩性土、潮土和水稻土5类，28个土属。红壤土类分红壤、黄红壤和侵蚀性红壤3个亚类，10个土属；黄壤土类分黄壤、侵蚀性黄壤2个亚类，2个土属；岩性土土类分钙质紫砂土和石灰岩土2个亚类，3个土属；潮土土类1个亚类，1个土属；水稻土土类分渗育型水稻土、潴育型水稻土和潜育型水稻土3个亚类，12个土属。

① 1亩=1/15公顷。以下同。

市域内受地形、土壤母质和气候的影响，土壤分布具有明显的垂直分布和地域分布规律。

垂直分布：海拔650~1000米的低山，以山地黄泥土和山地石砂土为主；海拔200~650米的丘陵，以黄泥土、石砂土、砂黏质红土、粉红泥土、油黄泥土、油红泥土为主；海拔200米以下的丘陵山地，以黄泥土、黄红泥土、黄筋泥、红砂土、酸性紫砂土、紫砂土、红紫砂土、水稻土、培泥沙土为主。

地域分布：新安江、富春江、兰江和寿昌江4条江的两岸，从江边向陆内的土壤分布变化：清水砂—培泥砂田—泥质田—黄泥砂田—黄泥田。低山、丘陵的山脚土壤以黄泥土、黄红泥土为主。低山峡谷谷口地带，母质受洪水冲积，堆积成洪积泥砂田。石灰岩地带多为黄油泥土。

山地土壤及理化性质：市域内山地土壤有红壤、黄壤和岩性土3个土类。红壤土类中有3个亚类，10个土属，占山地土壤总面积的74.3%；分布于海拔500~600米的低山丘陵，土壤呈酸性或微酸性，有机质含量中等，质地中壤到轻壤，黄壤有2个亚类，3个土属，占山地面积的6.8%；海拔500~700米的低山，土壤质地疏松，有机质含量较高。岩性土土类有2个亚类，3个土属，占山地土壤面积的19.8%，呈碱性，有机质含量很少。

五、水文

建德市全境属钱塘江流域，水系由周边向中间汇集，流向由西南流向东北。境内有新安江、兰江、富春江3条较大的河流和38条中小溪流。总流长562.1千米（干流总长141.2千米），流域总面积2326平方千米。

新安江源于安徽省休宁县西南山区，在市境西部的新安江街道芹坑埠入境，由西向东流经新安江城区、洋溪、下涯、杨村桥，在梅城东关与兰江汇合后流入富春江，境内全长41.4千米，流域面积1291.44平方千米。寿昌江是新安江的一级支流，发源于本市李家镇长林大坑源，河道曲折，集流时间短，河床宽浅，总落差428米，比降大，流速快，暴涨暴落，且易造成洪涝灾害。

兰江从大洋镇三河埠入境，自南而北流经大洋，于梅城东关与新安江汇入富春江，境内长23.5千米，流域面积419.38平方千米。

富春江由西南流向东北，经乌石滩、七里泷，于冷水流入桐庐县；境内长19.3千米，流域面积615.75平方千米。

全市中小溪流属雨源型河流，枯洪变化悬殊，地表径流与降水量的时空分布一致。多年平均径流深796.9毫米，年径流量18.58亿立方米，其中地表水16.45亿立方米，地下水2.13亿立方米。

山塘水库，全市有新安江、富春江2座大型水库，境内的水域面积分别为16.6平方千米和33.3平方千米。有中型及以下水库、山塘5101座，正常库容1.1 亿立方米。

第二节 / 脊椎动物基本特征

一、哺乳动物

哺乳动物9目21科61种。国家一级重点保护野生动物3种：黑麂*Muntiacus crinifrons*、中华穿山甲*Manis pentadactyla*、小灵猫*Viverricula indica*；国家二级重点保护野生动物5种：猕猴*Macaca mulatta*、豹猫*Prionailurus bengalensis*、毛冠鹿*Elaphodus cephalophus*、中华鬣羚*Capricornis milneedwardsii*、貉*Nyctereutes procyonoides*。

浙江省重点保护哺乳动物5种：马来豪猪*Hystrix brachyura*、黄腹鼬*Mustela kathiah*、黄鼬*Mustela sibirica*、花面狸*Paguma larvata*、食蟹獴*Herpestes urva*。

二、鸟类

建德市共记录鸟类298种，分属17目52科。其中雀形目151种，占建德市鸟类总数的50.67%；雁形目、鸻形目、隼形目分别为24、23、21种，占比分别为8.05%、7.72%、7.05%；夜鹰目为单种目，占比为0.34%。

国家一、二级重点保护鸟类分别为7种和53种，浙江省重点保护鸟类39种。其中国家一级重点保护鸟类分别是斑嘴鹈鹕*Pelecanus philippensis*、东方白鹳*Ciconia boyciana*、黑鹳*Ciconia nigra*、黑脸琵鹭*Platalea minor*、青头潜鸭*Aythya baeri*、白颈长尾雉*Syrmaticus ellioti*、黄胸鹀*Emberiza aureola*。

国家二级重点保护鸟类分别是白琵鹭*Platalea leucorodia*、鸳鸯*Aix galericulata*、花脸鸭*Sibirimetta formosa*、白额雁*Anser albifrons*、灰雁*Anser anser*、鸿雁*Anser cygnoides*、小天鹅*Cygnus columbianus*、棉凫*Nettapus coromandelianus*、苍鹰*Accipiter gentilis*、日本松雀鹰*Accipiter gularis*、雀鹰*Accipiter nisus*、赤腹鹰*Accipiter soloensis*、凤头鹰*Accipiter trivirgatus*、松雀鹰*Accipiter virgatus*、灰脸𫛭鹰*Butastur indicus*、普通𫛭*Buteo japonicus*、大𫛭*Buteo hemilasius*、毛脚𫛭*Buteo lagopus*、白尾鹞*Circus cyaneus*、黑翅鸢*Elanus caeruleus*、白腹隼雕*Hieraaetus fasciatus*、林雕*Ictinaetus malayensis*、黑鸢*Milvus migrans*、鹗*Pandion haliaetus*、蛇雕*Spilornis cheela*、鹰雕*Nisaetus nipalensis*、游隼*Falco peregrinus*、燕隼*Falco subbuteo*、红隼*Falco tinnunculus*、白鹇*Lophura nycthemera*、勺鸡*Pucrasia macrolopha*、水

雉*Hydrophasianus chirurgus*、小鸦鹃*Centropus bengalensis*、草鸮*Tyto longimembris*、长耳鸮*Asio otus*、雕鸮*Bubo bubo*、乌雕鸮*Bubo coromandus*、领鸺鹠*Glaucidium brodiei*、斑头鸺鹠*Glaucidium cuculoides*、黄腿渔鸮*Ketupa flavipes*、北鹰鸮*Ninox japonica*、领角鸮*Otus lettia*、红角鸮*Otus sunia*、褐林鸮*Strix leptogrammica*、白胸翡翠*Halcyon smyrnensis*、仙八色鸫*Pitta nympha*、云雀*Alauda arvensis*、红喉歌鸲*Luscinia calliope*、蓝喉歌鸲*Luscinia svecica*、画眉*Garrulax canorus*、棕噪鹛*Garrulax poecilorhynchus*、红嘴相思鸟*Leiothrix lutea*、短尾鸦雀*Neosuthora davidianus*。

三、爬行动物

爬行动物2目10科51种。国家二级重点保护爬行动物4种：平胸龟*Platysternon megacephalum*、乌龟*Mauremys reevesii*、黄缘闭壳龟*Cuora flavomarginata*、脆蛇蜥*Ophisaurus harti*。

浙江省重点保护爬行动物7种：宁波滑蜥*Scincella modesta*、王锦蛇*Elaphe carinata*、玉斑锦蛇*Elaphe mandarinus*、黑眉锦蛇*Elaphe taeniura*、滑鼠蛇*Ptyas mucosa*、舟山眼镜蛇*Naja atra*、尖吻蝮*Deinagkistrodon acutus*。

四、两栖动物

两栖动物2目9科28种。共有国家二级重点保护两栖动物3种，分别是大鲵*Andrias davidianus*、中国瘰螈*Paramesotriton chinensis*、虎纹蛙*Hoplobatrachus chinensis*。

浙江省重点保护两栖动物11种，分别是东方蝾螈*Cynops orientalis*、秉志肥螈*Pachytriton granulosus*、中国雨蛙*Hyla chinensis*、天台粗皮蛙*Glandirana tientaiensis*、大绿臭蛙*Odorrana graminea*、天目臭蛙*Odorrana tianmuii*、凹耳臭蛙*Odorrana tormota*、小棘蛙*Quasipaa exilispinosa*、棘胸蛙*Quasipaa spinosa*、布氏泛树蛙*Polypedates braueri*、大树蛙*Zhangixalus dennysi*。

五、鱼类

共记录鱼类动物10目23科112种。国家一级重点保护鱼类动物1种，即鲥鱼*Tenualosa reevesii*。

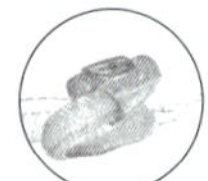

建德市常见

脊椎动物图鉴

2 各论

001 东方蝾螈 *Cynops orientalis*

蝾螈科 Salamandridae

形态特征：皮肤较光滑，背面多小痣粒，腹面有细皱纹，颈褶明显，枕部有不明显的“V”形嵴。生活时背面深褐色或黑褐色，腹面朱红色杂有棕黑色圆斑或条纹，条纹和斑点的多少随个体而有较大的差异，一般两侧多些，也有的全无。从肛部至尾末端具朱红色线纹。

生境与分布：见于建德各地静水内；生于水质清澈且阴凉的山旁小水坑、泉水潭和流水缓慢的小沟渠内；省内分布于杭州、温州、湖州、金华、衢州、台州、丽水等地。

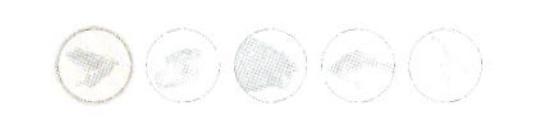

002 秉志肥螈 *Pachytriton granulosus* 蝾螈科 Salamandridae

形态特征：皮肤光滑无疣粒，体侧、尾侧有许多皱纹，有肋沟或无，有耳后腺；颈褶明显，咽部皮肤有纵向的皱褶。生活时体背及体侧呈褐色或棕褐色，无黑色斑点，腹面色淡并有醒目的橘红色或橘黄色斑块，肛孔至尾腹面有橘红色线纹。

生境与分布：见于洋溪、乾潭、梅城、大洋、三都、寿昌、大慈岩、大同、李家等地；生于流水较湍急的溪涧；省内分布于杭州、宁波、温州、湖州、绍兴、金华、衢州、台州、丽水等地。

003 淡肩角蟾 *Boulenophrys boettgeri* 角蟾科 Megophryidae

形态特征：体背皮肤较光滑，部分个体较粗糙。头部、背部有分散的小刺粒，生活时体背部褐色，自两眼中部向后有个三角形淡色斑纹，颌缘及四肢均有深浅相间的横纹，眼下方深色纹显著；腹面淡棕黄色，微带浅紫色，肛下部颜色较深，头后两侧在肩上方各有一浅色圆形斑，此特征最显著。

生境与分布：见于建德各山地溪流；常生于海拔300米以上的山间溪流岸边；省内分布于杭州、宁波、温州、湖州、金华、衢州、舟山、台州、丽水等地。

004 中华大蟾蜍 *Bufo gargarizans*

蟾蜍科 Bufonidae

形态特征：皮肤极粗糙，背面密布大小不等的圆形瘰粒，个体间差异颇大。头顶部平滑，上眼睑及头侧有小疣；耳后腺长椭圆形、隆起；头后枕部的瘰粒排列成两斜行，与耳后腺几乎平行。胫部大瘰粒显著；除掌、蹠、跗部外，整个腹面满布小疣粒。

生境与分布：见于建德各地；生于平原、山地各种生境；省内除南部海岛外各地均有分布。

005 中国雨蛙 *Hyla chinensis*

树蟾科 Hylidae

形态特征： 背面皮肤光滑，腹面密布扁平疣，咽喉部光滑。生活时体背绿色，体侧略带浅黄色，散有黑色斑点，或断续排列成行，并有一条深棕色细线纹，自眼后延至胁部或股前；沿吻棱至吻端有一棕色细纹左右相会合；两条细棕色线纹从眼后，经鼓膜上下缘，在肩部相会合成三角状；股后散布大小不等黑色圆斑纹；腹面乳白色。

生境与分布： 见于建德各地；常生于海拔800米以下的池塘或水田周围；省内分布于杭州、宁波、温州、湖州、金华、台州、丽水等地。

006 武夷湍蛙 *Amolops wuyiensis* 蛙科 Ranidae

形态特征：背面黄绿色或灰棕色，散有不规则的黑棕色大斑块，头部斑纹较小；嘴角后的两个颌腺及体侧之圆疣略带金黄色；四肢背面有黑棕色横纹，股胫部各3条，横纹间为紫灰色，股后方为细碎云斑；咽部、胸部有许多灰黑色云斑；腹部白色。

生境与分布：见于建德各地山区；常生于海拔100米以上的山间溪流或瀑布附近；省内各地山区溪流均有分布。

007 阔褶水蛙 *Hylarana latouchii* 蛙科 Ranidae

形态特征：体背面皮肤不光滑，有稠密小痣粒或小白刺；眼后沿体侧至胯部有宽厚的背侧褶，背侧褶上满布小白刺；生活时体背面棕黄色夹有少量灰斑，背侧褶金黄色；始自吻端沿鼻孔、背侧褶下方有一黑纹，颌腺黄色；体侧有形状、大小不等的黑斑，四肢背面具黑色横纹；股后具黑斑点及云斑，雄蛙的臂腺及雌蛙的相应位置上有灰斑；体腹部淡黄色。

生境与分布：见于建德各地；生于平原或丘陵山区的水田、水池或小水沟中；省内分布于杭州、宁波、温州、金华、衢州、台州、丽水等地。

008 孟闻琴蛙 *Nidirana mangveni*

蛙科 Ranidae

形态特征：皮肤光滑；体背后方和体侧有分散疣粒；背侧褶明显，自眼后至胯部，往往在胯部附近断续成颗粒状；无颞褶；口角后端具颌腺；腹面光滑无疣粒。生活时背面灰棕色；背侧褶色浅；沿背侧褶下方和体侧有黑斑点，背正中常有一条浅蓝色脊线；体后端疣粒上有黑斑点；前后肢背面有棕色横纹，腹面灰白色。

生境与分布：见于建德各地；生于海拔1000米以下平原或丘陵山地的水田、静水塘和山间梯田；省内分布于杭州、湖州、绍兴、金华、衢州、舟山、台州、丽水等地。

009 大绿臭蛙 *Odorrana graminea* 蛙科 Ranidae

形态特征：皮肤光滑，背面有零星小痣粒；从眼后至胯部有背侧褶，雌蛙的背侧褶不如雄蛙明显；口角有颌腺；腹面光滑无疣。生活时体背面鲜绿色，随栖息环境不同，体色也有深浅变化，两眼前角有一小白点；头侧、体侧及四肢为浅棕色，四肢背面有深棕横纹3～4条；蹼略带紫色；上下颌缘及颌腺浅黄色，腹侧、股后有黄白色云斑；腹面肉白色。

生境与分布：见于寿昌、大同、李家等地；生于海拔800米以下的丘陵山区溪流岸边；省内分布于杭州、金华、衢州、丽水等地。

010 天目臭蛙 *Odorrana tianmuii* 蛙科 Ranidae

形态特征：皮肤较光滑，体背有微小痣粒，体侧扁平疣稍大，体后端及股上有小白刺；两眼角间有一小白点；鼓膜上方有颞褶；口角颌腺2～3枚，体腹面光滑。生活时背面为绿色，间以棕褐色或酱红色大圆斑点，圆形斑四周镶以浅色边，体侧黄绿色，无背侧褶；雄蛙体背两侧有许多小疣粒，呈纵行排列，略像背侧褶形状；颌腺黄色，四肢背面有酱色横纹4～5条，腹面浅黄色。

生境与分布：见于建德各地；生于海拔1000米以下的丘陵山区溪流岸边；省内分布于杭州、宁波、温州、湖州、绍兴、金华、衢州、舟山、台州、丽水等地。

011 凹耳臭蛙 *Odorrana tormota* 蛙科 Ranidae

形态特征： 背部皮肤光滑；在体背后端、体侧及四肢背面有许多小疣粒；口角有断续颌腺，有背侧褶；体腹面除腹部后端有少量扁平疣粒外，其余都很光滑。生活时体背面棕色，有形状不规则的小黑斑，沿背侧褶下方有连续或断续的黑线纹，体侧色较背部浅，散有许多小黑点，四肢背面有3～4条横纹，其边缘镶有浅色细纹，股后有棕色网状云斑，咽部、胸部有云斑，腹部浅黄色。

生境与分布： 见于新安江、洋溪、乾潭、梅城、杨村桥、下涯、三都、寿昌、航头、大慈岩、大同、李家等地；生于丘陵山区小溪流岸边；省内分布于杭州、温州、湖州、金华、衢州、舟山、台州、丽水等地。

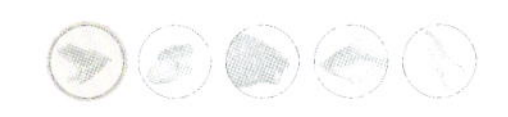

012 黑斑侧褶蛙 *Pelophylax nigromaculatus* 蛙科 Ranidae

形态特征： 背面皮肤略粗糙，背侧褶明显，背侧褶间有许多长形肤棱，体背后端呈圆疣；口角的颌腺窄长；体腹面很光滑。生活时体背颜色变化很大，有淡绿、黄绿、深绿、灰绿或灰褐等色，其上散布数量不等的黑斑；背侧褶金黄色或浅棕色；从吻端开始沿背脊有一条浅色脊线；股后侧有酱红色云斑；体腹面乳白色。

生境与分布： 见于建德各地；生于水田、池塘、湖沼等静水域附近；省内各地均有分布。

013 镇海林蛙 *Rana zhenhaiensis* 蛙科 Ranidae

形态特征：皮肤较光滑，背部和体侧有少量小圆疣；多数个体肩上方疣粒排列成八字形，背侧褶细窄，除在颞部有弯曲外，大多比较平直；腹面光滑，股基部有扁平疣。生活时体色变异很大，雄蛙背面为橄榄棕色、棕灰色或棕褐色，有的为绿灰色或灰黄色，雌蛙在冬眠或繁殖季节，呈现红棕色、棕黄色，产卵后逐渐恢复至原来颜色。体背散布零星浅棕色小点；鼓膜处有三角形黑斑；颌腺棕黄色；两眼间有深色横斑；沿背侧褶外侧有断续的黑斑点或条纹；腹面灰白色或浅黄色；咽喉部散有灰色云斑。
生境与分布：见于建德各地；生于丘陵山地；省内除平原地区外广泛分布。

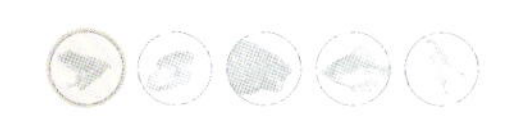

014 泽陆蛙 *Fejervarya multistriata* 叉舌蛙科 Dicroglossidae

形态特征：背部皮肤粗糙，有多行长短不一的肤褶，背后部及肛周围有小圆疣，体侧有零星疣粒；无背侧褶；颞褶清楚；两眼间有枕肤沟；四肢背面有分散痣粒；体腹面光滑；生活时体色变化甚大，有青灰色、灰橄榄色或深灰色，并杂有赭红色、深绿色、深褐色斑纹，两眼间常有深色“V”形斑；四肢背面有黑色横纹；腹面乳黄色，雄蛙的咽部为浅灰色。

生境与分布：见于建德各地；主要生于水稻田、池塘、湖沼及水沟附近；省内各地均有分布。

015 棘胸蛙 *Quasipaa spinosa* 叉舌蛙科 Dicroglossidae

形态特征：皮肤粗糙，雄蛙背部有长形疣突，断续排列成行，其间有许多小圆疣或小痣粒，有些疣上长有黑刺，雌蛙背面有稀疏小圆刺疣；两眼间有横肤棱；颞褶显著，性成熟雄蛙胸部有肉质圆疣，疣上有黑色角质刺；雌蛙胸部、腹部光滑无疣。生活时背面黑棕色或浅棕色；两眼间有深色横纹，颞褶下方有黑纹，多数个体背面有浅色斑块，少数个体的斑块沿背脊两侧成对状排列，约4～5对；极少数雄蛙背脊中央有一条浅色脊线，四肢背面黑褐色横纹达指、趾端；腹面肉色，有灰褐色云斑。

生境与分布：见于建德各地；生于山间溪流中；省内除平原和海岛外丘陵山区均有分布。

016 布氏泛树蛙 *Polypedates braueri* 树蛙科 Rhacophoridae

形态特征：背面皮肤密布细疣粒，体侧、腹面疣粒较大，扁圆形，咽部、胸部疣粒较细；颞褶明显，自眼后延伸达肩上方。体背一般为浅棕色，散有棕黑色斑点，两眼间有一条横斑纹，体侧及股后满布网状花斑；多数标本体背前部有黑色“X”形斑纹，前后肢背面有棕黑色斜横纹和点状斑纹，咽部有或疏或密的黑色斑点；体色常随栖息环境而有所改变。

生境与分布：见于建德各地；常生于海拔500米以下的丘陵山区水边；省内分布于杭州、宁波、温州、湖州、绍兴、金华、衢州、台州、丽水等地。

017 大树蛙 *Zhangixalus dennysi* 树蛙科 Rhacophoridae

形态特征：背面皮肤密布小刺粒，腹部及股部腹面密布较大的扁平疣。生活时背部绿色，散有不规则、疏密不一的紫色大斑点，斑点边缘色浅；体侧常有乳白色成行的大斑点，体腹面灰白色。

生境与分布：见于建德各地；生于海拔1000米以下的平原或山区；省内分布于杭州、宁波、温州、湖州、绍兴、金华、衢州、台州、丽水等地。

018 小弧斑姬蛙 *Microhyla heymonsi* 姬蛙科 Microhylidae

形态特征：皮肤平滑，体背具微小痣粒，眼后角至前肢基部有肤沟。生活时体色一般为粉灰色或浅褐色，由吻端至肛部，常有一条米黄色脊线；从吻端至体后1/3～1/5处的脊线两边，有一对“（ ）”形黑斑；在脊线两侧，由眼睑处向后伸延至体后，有几条宽狭不等的棕色线纹；咽部满布棕黑色细点，肛门处常有黑斑；四肢的背侧面，具明显棕黑色横纹；腹部白色。

生境与分布：见于建德各地；生于平原或丘陵山地的水田边、路旁草丛中；省内各地广泛分布。

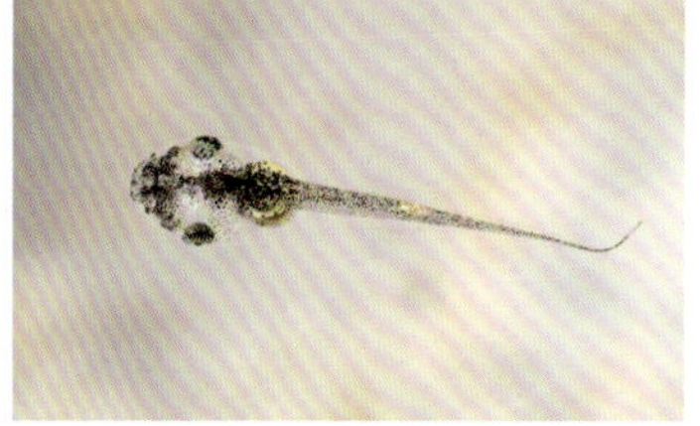

019 饰纹姬蛙 *Microhyla fissipes*

姬蛙科 Microhylidae

形态特征：背面皮肤较光滑，有小疣，两鼻间靠吻端有一小白点；眼后至胯部常有一斜行长疣，体腹面光滑。体背棕褐色，布有八字形对称斜行饰纹，几个相套叠排列，从两眼间经背部斜向胯部，具有明显主干，主干在肩和胯部向左右扩大；肛部有显著的“∩”或“m”形黑斑，四肢背部有棕色斜横纹，腹面白色；雄蛙咽部黑色，雌蛙满布深灰色小点。

生境与分布：见于建德各地；生于平原或丘陵山地的水田边、路旁草丛中；省内各地广泛分布。

020 铅山壁虎 *Gekko hokouensis* 壁虎科 Gekkonidae

形态特征：体背一般为暗灰色，但深浅受栖息环境影响很大；躯干背面常有5～6条浅色不规则的横斑；尾背有8～12个浅灰色环状横斑；腹面灰白色。

生境与分布：见于建德各地；生于丘陵山区的农村或小集镇；省内分布于杭州、湖州、金华、衢州、舟山、台州、丽水等地。

021 中国石龙子 *Plestiodon chinensis* 石龙子科 Scincidae

形态特征：体棕色，头部略浅，背部略带灰褐色，自耳孔向后至尾基部，体两侧具红棕色纵纹，雄体生殖季节更鲜艳；背侧分散有黑色斑点；腹面灰白色。幼体背面灰褐色，体背有浅黄色纵纹3条，至成体则消失。

生境与分布：见于建德各地；生于丘陵地区路旁或林下；省内分布于杭州、宁波、温州、绍兴、金华、衢州、舟山、台州、丽水等地。

022 蓝尾石龙子 *Plestiodon elegans*

石龙子科 Scincidae

形态特征：成体体背棕褐色，有5条浅黄色纵纹，背中央的一条由顶间鳞分叉向前，沿额鳞两侧，达上鼻鳞后缘；体侧左右各2条纵纹，分别由眼上方和眼下方向后延伸达尾部，在尾后端纵纹消失；尾部一般为蓝色，体腹面浅灰色，雄性成体背棕灰色，头部浅棕色，5条浅黄色纵纹消失。

生境与分布：见于建德各地；生于平原或山区路旁；省内各地均有分布。

023 铜蜓蜥 *Sphenomorphus indicus* 石龙子科 Scincidae

形态特征：体背古铜色，背中央常有一条黑色纵纹，纵纹两侧有黑色横斑缀织成行，自眼前方经体侧至尾基两侧，有一条较宽的黑纵纹，纵纹上方色浅，下方略带棕红色杂以细黑点；四肢背面散有细黑点；腹面色浅、无斑。

生境与分布：见于建德各地；生于丘陵山区湿度较高而阳光较弱的路旁或林缘；省内分布于杭州、宁波、温州、绍兴、金华、衢州、舟山、台州、丽水等地。

024 北草蜥 *Takydromus septentrionalis* 蜥蜴科 Lacertidae

形态特征： 头、背、四肢、尾均为棕绿色，自鼻孔经眼上方至背外侧和体侧下方为绿色，两者之间有一条细的深纵纹，3对下颏鳞白色；腹面灰白色，幼体棕色。
生境与分布： 见于建德各地；生于阳光明亮的山坡路边或林缘；省内各地均有分布。

025 平鳞钝头蛇 *Pareas boulengeri* 钝头蛇科 Pareidae

形态特征： 体背面黄褐色，散有大小不一的黑斑，自眶上鳞向后各有一条黑纹，至颈部左右合成一段较粗的黑纹。腹面灰白色。全长雄性可达450毫米，雌性可达530毫米。头与颈易区分，体略侧扁。上唇鳞7枚或8枚；无眶前鳞，眶后鳞1枚，或与眶下鳞相连，眶上鳞狭长；颊鳞1枚，入眶；颞鳞2+3枚或2+2枚；前额鳞入眶。背鳞光滑，通身15行；腹鳞173～184枚；肛鳞1枚；尾下鳞60～75对。

生境与分布： 见于新安江、洋溪、乾潭、梅城、杨村桥、下涯、大洋、三都、寿昌、大慈岩、大同、李家等地；生于海拔200米以上的山区；省内分布于杭州、湖州、衢州、台州、丽水等地。

026 钝尾两头蛇 *Calamaria septentrionalis* 游蛇科 Colubridae

形态特征：尾部粗钝，并有黄色斑纹，尾部形状、花纹与头部十分相似，粗看两端都是头，故有两头蛇之称。体色可分为两类，一类是背面灰黑色，鳞片外缘为黑色，构成网纹；另一类是背面灰褐色，鳞片的外缘色稍淡，背中央的6行鳞片由黑点形成3条黑纵线；腹面橙红色，有零星的黑点；尾腹面中央有一条黑色线纹。

生境与分布：见于建德各地；生于平原或丘陵山地；省内分布于杭州、宁波、温州、金华、衢州、台州、丽水等地。

027 翠青蛇 *Cyclophiops major* 游蛇科 Colubridae

形态特征：体背鲜草绿色，腹面淡黄绿色。眼大，眼径大于眼到口缘距离，瞳孔圆形。
生境与分布：见于建德各地；生于山区森林内；省内分布于杭州、宁波、温州、湖州、金华、衢州、舟山、丽水等地。

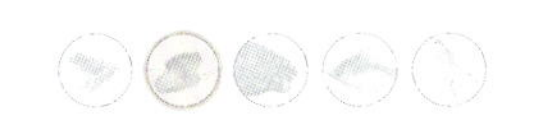

028 赤链蛇 *Lycodon rufozonatus* 游蛇科 Colubridae

形态特征：头背黑色，鳞缘红色；枕部有红色“∧”形斑，有些不明显；体背黑色，有红色窄横斑达1～2行鳞片宽杂以黑褐色小点，两横斑之间相距2～4行鳞片宽，横斑在体侧分叉达腹鳞；腹鳞灰黄色，两侧杂以黑褐色点斑。

生境与分布：见于建德各地；生于山地、丘陵及平原地带；省内各地广泛分布。

029 王锦蛇 *Elaphe carinata* 游蛇科 Colubridae

形态特征：成体头背鳞缘黑色，中央黄色，前额形成“王”字样黑纹；体背鳞片也是四周黑色中央黄色，且在体前部具有黄色横斜纹，体后部横纹消失，黄色部分似油菜花瓣；腹面黄色，具黑斑。

生境与分布：见于建德各地；生于山地丘陵和平原地区；省内各地广泛分布。

030 紫灰锦蛇 *Oreocryptophis porphyraceus* 游蛇科 Colubridae

形态特征：头体背紫铜色，头背具有3条纵黑纹，一条在头顶中央，两条在眼后，体尾背有10多块近马鞍形淡黑色横斑，每斑占3～5行鳞片宽，少数横斑不太明显；此外，体背还有2条黑纵线纵贯全身；腹面玉白色，无斑纹。

生境与分布：见于新安江、更楼、乾潭、梅城、三都、寿昌、大慈岩、大同、李家等地；常生于海拔1000米以下的山区森林、山涧溪旁及山区居民点附近；省内除东海岛屿外各地均有分布。

031 黑眉锦蛇 *Elaphe taeniura* 游蛇科 Colubridae

形态特征： 头体背黄绿色或棕灰色，上下唇鳞及下颌淡黄色，眼后有一条明显的眉状黑纹延至颈部，故名为黑眉锦蛇。体背前中段具梯状黑色横纹，至后段逐渐不显，从体中段开始，有4条明显的黑色纵带达尾端；腹面灰黄色或浅灰色，腹鳞及尾下鳞两侧具黑斑。

生境与分布： 见于建德各地；生于平原、丘陵及山地房屋附近；省内各地广泛分布。

032 颈棱蛇 *Pseudagkistrodon rudis* 游蛇科 Colubridae

形态特征： 头部略呈三角形，颈部明显，身体能膨扁，鳞片强棱，色斑与蝮蛇颇为相似，故有伪蝮蛇之称，但比蝮蛇粗大。头背黑褐色，上下唇红砖色，喉部土黄色，体背棕褐色，具有2行椭圆形或近菱形的黑褐色斑纹交互排列；腹面褐色，有散在黑斑。

生境与分布： 见于建德各地；生于山区草丛及溪涧边；省内除东海岛屿外山区均有分布。

033 山溪后棱蛇 *Opisthotropis latouchii* 游蛇科 Colubridae

形态特征：背面棕黄色，背鳞中央色深，缀连成规则的深色纵线；腹面灰白色；尾下鳞中央色深。

生境与分布：见于新安江、洋溪、乾潭、梅城、三都、寿昌、航头、大慈岩、大同、李家等地；生于山间溪流中；省内分布于杭州、湖州、金华、台州、丽水等地。

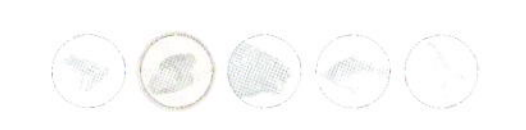

034 灰鼠蛇 *Ptyas korros* 游蛇科 Colubridae

形态特征： 头体背灰黑色，体背与体侧有浅褐色纵纹9 ~ 12条，一般不明显；上唇鳞下部和下唇鳞及头体前的腹面，均为淡黄色，一般腹鳞为灰白色，或从前到后渐淡而近乳白色，尾下鳞有的为棕黄色；但腹鳞两侧缘一般与背部体色一致。

生境与分布： 见于乾潭、梅城、寿昌、航头、大慈岩、大同、李家等地；生于山区丘陵及平原地带；省内分布于杭州、宁波、温州、绍兴、金华、衢州、舟山、台州、丽水等地。

035 虎斑颈槽蛇 *Rhabdophis tigrinus* 游蛇科 Colubridae

形态特征：背面暗绿色，故有竹竿青之俗名，下唇及颈部白色，从颈部起至体之两侧有黑色和橘红色斑块交互排列，至体之中部橘红色渐次隐没。遇敌时能横扁颈部及体之前部，显露出橘红色斑块纹更为明显，状如雄雉鸡之头颈部，故又俗称雉鸡脖。

生境与分布：见于建德各地；生于平原、丘陵或山地水边草丛附近；省内各地普遍分布。

036 绞花林蛇 *Boiga kraepelini*

游蛇科 Colubridae

形态特征：头背灰褐色或浅紫褐色，具深棕色条斑达颈背；上唇及头腹黄白色，散以深褐色斑；体背灰褐色或浅紫褐色，背正中有一行粗大而不规则镶黄边的深棕色斑块，有些斑块前后相连呈波状纹，体侧各有一行棕色块斑；腹面黄白色，密布棕褐或浅紫褐点。

生境与分布：见于建德各地；生于山区或丘陵，有攀缘习性；省内除东海岛屿外山区均有分布。

037 银环蛇 *Bungarus multicinctus* 眼镜蛇科 Elapidae

形态特征：体背黑色，有许多白色横纹，每条白色横纹有1～2枚鳞片宽，在躯干部有36～46条横纹，尾背有8～15条横纹；腹部白色，无斑纹。幼蛇色斑基本上同成体，仅在头后的两侧色较浅。银环蛇色变多例，尽管色斑发生变化，其鳞片数据仍在正常范围之内。

生境与分布：见于建德各地；生于平原或丘陵地带多水之处；省内各地均有分布。

038 尖吻蝮 *Deinagkistrodon acutus*

蝰科 Viperidae

形态特征：头大，呈三角形，吻端向背前方翘起；体粗短，尾短，向后突然变细；头背棕黑色或棕褐色，头侧自吻鳞经眼至口角上唇鳞以上棕黑色，以下黄白色，头腹及喉部为白色，散有少数黑褐色斑点；体背深棕色、棕褐色或黄褐色，具有15～20块灰白色方形大斑；腹面灰白色，两侧有两行近圆形的黑褐色块斑，并有不规则的小斑点；尾背具灰白色方块斑2～5个，其余为黑褐色，尾尖成角质刺。

生境与分布：见于建德各地；生于山区丘陵地带；省内除东海岛屿外山区均有分布。

039 短尾蝮 *Gloydius brevicaudus* 蝰科 Viperidae

形态特征：头部略呈三角形，与颈部区分较明显；体较粗短，尾部短小；体色变化较大，头体背部的颜色正常变化于灰褐色到土红色；头部在眼后到口角有一条较宽的黑色带，其上缘镶以一条黄白色细纹；体背交互排列着黑褐色的圆形斑，有些个体出现一条红棕色脊线；腹面灰黑色，具不规则的黑色小点；尾后段腹面黄白色，尾尖常为黑色。

生境与分布：见于建德各地；生于平原或丘陵地带的草丛附近；省内分布于浙北、浙西和浙东地区。

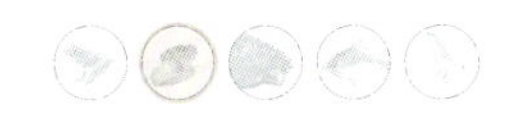

040 原矛头蝮 *Protobothrops mucrosquamatus* 蝰科 Viperidae

形态特征： 头背棕褐色，有近“∧”形的深褐色斑，眼后到颈侧有一条暗褐色纵纹，上下唇色较浅，头部腹面灰白色；体背棕褐色，背中线两侧有并列的暗褐色斑纹，左右相连成波状纵纹，在波纹两侧有不规则的小斑块；腹面浅褐色，每一腹鳞有1～3块近方形或近圆形的小斑。

生境与分布： 见于新安江、洋溪、更楼、莲花、乾潭、梅城、杨村桥、下涯、大洋、三都、寿昌、大慈岩、大同、李家等地；常生于海拔200米以上的山区丘陵；省内除海岛外各山地均有分布。

041 福建竹叶青 *Trimeresurus stejnegeri* 蝰科 Viperidae

形态特征：头体背均为绿色，仅上唇一部分色稍浅；瞳孔直立椭圆形，色红，背鳞最外一行中央为白色，自颈部以后形成左右各一条白色纵线，或者上半片白色、下半片红棕色，形成白线之下一条红棕色线，个别较大的个体，侧线完全消失。腹面黄绿色，腹鳞具侧棱，其后缘白色，尾焦黄色。

生境与分布：见于建德各地；生于山区水边或附近；省内除海岛外各山地均有分布。

042 东北刺猬 *Erinaceus amurensis*

猬科 Erinaceidae

形态特征： 体被土棕色的棘刺，刺基部为白色，其上有黑棕色或淡棕色环，尖端为黑色或棕色。面部、四肢及体腹部披细刚毛，呈浅灰黄色而至灰褐色。

生境与分布： 见于建德各地；生于山地森林、平原草地、农作区及灌木草丛等各种生境；省内除海岛外均有分布。

043 华东林猬 *Mesechinus orientalis* 猬科 Erinaceidae

形态特征：体长平均188毫米。耳较短，几乎与周围棘刺等长。吻部皮肤裸露，体背具棘刺，头宽而吻尖，爪较发达。背棘暗黑褐色，棘刺较东北刺猬细短，且棘刺均由黑、白两种颜色组成，几无纯白色棘。

生境与分布：见于洋溪、乾潭、梅城、下涯、大洋等地；生于山地丘陵及平原地区；省内分布于浙西北地区。

044 鲁氏菊头蝠 *Rhinolophus rouxii*

菊头蝠科 Rhinolophidae

形态特征：体背毛尖栗色，基部灰白色，腹毛棕色，喉部和腹中线处毛色较浅。体型较小，体重11.5（9～14）克，体长47（40.5～56.7）毫米，前臂长46.9（45～51.6）毫米。翼膜短而宽。

生境与分布：见于新安江、莲花、乾潭、梅城、下涯、三都、寿昌、航头、大慈岩、大同、李家、钦堂等地；生于山洞、坑道、老式房屋等环境中；省内分布于杭州、金华、衢州等地。

045 东方棕蝠 *Eptesicus pachyomus* 蝙蝠科 Vespertilionidae

形态特征：体背毛黄棕色，间有花白细斑，腹部棕褐色，毛基部色深。头骨较宽扁，吻部平缓，颧弓的眶后突和眼眶的眶上脊发达。吻部两侧垂直。喜栖息于居民点的屋檐下和门、窗、墙壁缝隙中，以蚊类及其他昆虫为食。

生境与分布：见于新安江、寿昌、航头等地；生于居民区的屋檐或房梁下、门窗墙壁缝隙中等处；省内分布于杭州、温州、金华、丽水等地。

046 华南兔 *Lepus sinensis*

兔科 Leporidae

形态特征：为体型较小的一种野兔。耳短，其长度显著小于后足，向前折时达不到鼻端。尾短，其长约为后足长的一半。鼻部和额部的毛呈棕黑色，毛基棕灰色，中段黑褐色，上部标黄色，末端有很短的黑尖，其间夹杂部分尖端有较长黑尖的毛，耳后的颈部背方有一块近三角形的棕黄色区域。背部中央亦为棕黑色，冬季绒毛稠密。体侧及臂部黑色减少，呈棕黄色。腹面在颈下为浅棕色，腹部为白色。尾毛并不是很长，尾背面暗棕灰色，杂有黑毛，腹面浅棕黄色。

生境与分布：见于建德各地；生于山区丘陵林缘、灌木丛和草地，也见于农田附近；省内除海岛外各地均有分布。

047 赤腹松鼠 *Callosciurus erythraeus* 松鼠科 Sciuridae

形态特征：全身背面均为橄榄黄色，毛基及中段灰黑色，毛端黑黄色相间。背中部色较深，体侧色略淡。耳壳黄色。整个腹面及四肢内侧均为栗红色。四足背色趋黑，趾黑色。尾色与背同，后端为黑黄相间的环纹。

生境与分布：见于建德各地；生于山区林地或居民点周围林地；省内各地均有分布。

048 隐纹花松鼠 *Tamiops swinhoei* 松鼠科 Sciuridae

形态特征：树栖小型松鼠，常下地活动。尾长略短于体长。体背具明暗相间的条纹7条,耳后具白色毛丛。乳头3对，腹部1对，鼠蹊部2对。体背基深黑褐色。眼眶四周有白圈。耳壳内面略呈黄色，背面棕黑色，具白色毛丛。背正中有一条黑色条纹。其两侧为淡黄灰色纵纹，再外为深棕色纵纹，最外两侧为淡黄色条纹，与两颊的淡黄色条纹不相连。体侧橄榄棕色。腹毛黄灰色，胸部中央黄色更显。尾毛基部深棕黄色，中段黑色，尖端浅黄色。

生境与分布：见于新安江、洋溪、莲花、乾潭、梅城、杨村桥、下涯、三都、寿昌、航头、大慈岩、大同、李家等地；生于森林、林缘和灌木丛中；省内除海岛外各地均有分布。

049 豪猪（马来豪猪） *Hystrix brachyura* 豪猪科 Hystricidae

形态特征：大型啮齿类。体型粗大，体长约650毫米，体重一般10千克左右。身被长硬的棘刺。全身呈褐色。末端白色的细长刺在额部到颈背部中央形成一条白色纵纹，并在两肩至颏下形成半圆形白环。体背密覆粗大的棕色长刺，臀部更为密集，棘刺粗大而中空，呈纺锤形，中部1/3为淡褐色，余为白色，长度可达200毫米以上。四肢和腹面的刺短小而软。尾甚短，约90毫米，隐于硬刺之中。全身硬刺之下有稀疏的白长毛。

生境与分布：见于新安江、乾潭、梅城、三都、寿昌、李家等地；生于山区林木茂盛处；省内分布于杭州、宁波、温州、湖州、金华、衢州、舟山、台州、丽水等地。

050 猪獾 *Arctonyx collaris* 鼬科 Mustelidae

形态特征：身躯粗壮。鼻垫与上唇之间裸露，喉部白色。耳短小，四肢粗短。前爪较为发达。头部从鼻垫直到颈背有一条较宽的白纹，间杂着黑褐色毛。面颊棕褐色，在眼下方到颈侧有一块较大的白纹，眼周近于黑色。下颌和喉部白色。背部毛长，针毛富有弹性，具有光泽，毛基白色，近端部黑褐色，毛尖污白色。躯体前部以黑褐色为主，后部白色更显著，形成黑白花斑。尾白色。四肢黑褐色。腹部色浅。

生境与分布：见于建德各地；生于山地丘陵林缘、灌丛，也见于平原田野、草地；省内除海岛外各地均有分布。

051 黄鼬 *Mustela sibirica* 鼬科 Mustelidae

形态特征：小型食肉兽，身体细长，四肢短。尾长约为体长之半，尾毛较蓬松。雄性个体较大，雌性小。头部比颈部稍小略尖，耳壳短面宽。鼻端突出无毛，上唇具有粗长鬣毛。颈部较长灵活。四肢较短，各具5趾，趾端具爪、掌、跖、指垫无毛。足为半跖行性。

生境与分布：见于建德各地；生于平原、农田、丘陵林缘、沟谷山坡、湿地草丛等处；省内各地均有分布。

052 凤头䴙䴘 *Podiceps cristatus* 䴙䴘科 Podicipedidae

形态特征：前额、头顶、后颈为光泽的深黑褐色，头侧羽毛形成长束状冠羽，呈黑褐色沾棕色光泽。背、肩、腰及尾羽黑褐色，初级飞羽灰褐色，内侧先端色白，次级飞羽白色。眼先中央有一条皮肤裸出。下体银白色，体侧褐色。虹膜橙红色；嘴黄色；腿趾橄榄黄色。

生态型：游禽。

居留型：冬候鸟。

生境与分布：见于新安江、洋溪、莲花、乾潭、梅城、杨村桥、下涯、大洋、三都、寿昌、大同等地；生于湖沼、河流或水库中；省内分布于各水域。

053 小䴙䴘 *Tachybaptus ruficollis*

䴙䴘科 Podicipedidae

形态特征：上体黑褐色，眼先、颊、耳羽、颈侧及前颈栗红色；初级飞羽黑褐色，尖端色白。下体银白色，肛周灰褐色，胁羽和翅下覆羽白色，尾羽由绒羽构成。虹膜黄色；嘴黑色；跗跖和趾铅黑色。

生态型：游禽。

居留型：留鸟。

生境与分布：见于建德各地；生于江河湖泊、水库、水塘等水域；省内各水域均有分布。

054 苍鹭 *Ardea cinerea*

鹭科 Ardeidae

形态特征： 体形较大的一种鹭类。头和颈白色，头顶的两侧、枕部及羽冠（两条辫子状）黑色，前颈中部有2～3条黑色纵纹；背至尾羽灰色，肩部披垂呈梨形的灰色羽毛；初级飞羽、次级飞羽及初级覆羽均黑色；三级飞羽灰色。胸、腹中央白色，胸前披有白色矛状羽；前胸两侧有黑色斑纹，沿胸、腹两侧至肛周处；两胁灰色；覆腿羽和尾下覆羽白色。雌雄羽色相似。

生态型： 涉禽。

居留型： 留鸟。

生境与分布： 见于建德各地；生于江河、水田、水塘等水域附近；省内分布于全省各地。

055 池鹭 *Ardeola bacchus*

鹭科 Ardeidae

形态特征：中型鹭类。头部、羽冠、后颈和前胸均栗红色；肩部满具蓝黑色的蓑羽，向后直达尾羽末端；余羽均白色，但外侧初级飞羽（第1枚或相邻的几枚）的外翈及羽端沾有灰色。雌雄羽色相似，但雌鸟的红栗色略浅。

生态型：涉禽。

居留型：夏候鸟。

生境与分布：见于建德各地；生于江河、水田、水塘等水域附近，有时也栖息在森林里；省内分布于全省各地。

056 牛背鹭 *Bubulcus coromandus*

鹭科 Ardeidae

形态特征：头、颈、喉及前颈基部的蓑羽橙黄色，背上具橙黄色略带桂皮红色的蓑羽，向后延伸到尾羽；余羽均白色。雌雄羽色相似，幼鸟通体为白色。虹膜淡黄色；嘴黄色；跗跖和趾褐色；爪黑色。

生态型：涉禽。

居留型：夏候鸟。

生境与分布：见于建德各地；生于稻田和各水域附近；省内分布于全省各地。

057 大白鹭 *Ardea alba* 鹭科 Ardeidae

形态特征：白鹭中体形较大的一种。全身羽毛白色；繁殖期中肩及肩间着生三列长而直的蓑羽，向后伸展到尾部（往往超出尾端50～100毫米），蓑羽的羽支疏松分散，纤细如丝，非常美丽。雌雄羽色相似。

生态型：涉禽。

居留型：夏候鸟。

生境与分布：见于新安江、洋溪、乾潭、梅城、杨村桥、下涯、大洋、三都、寿昌、航头、大慈岩、大同、李家等地；生于稻田和各水域附近；省内分布于全省各地。

058 白鹭 *Egretta garzetta*

鹭科 Ardeidae

形态特征： 中型鹭类，体态纤瘦。全体羽毛白色；生殖期枕部垂有两条矛状羽，长达150毫米左右；前颈着生许多矛状羽，向下披在胸前，背上蓑羽的长度往往超出尾端，先端微向上卷曲。雌雄羽色相似。

生态型： 涉禽。

居留型： 留鸟。

生境与分布： 见于建德各地；生于稻田和各水域附近；省内分布于全省各地。

059 中白鹭 *Ardea intermedia* 鹭科 Ardeidae

形态特征：中型鹭类，体形比白鹭略大。全身羽毛白色；生殖期背部和胸部披以蓑羽，背部蓑羽向后延伸，其长度一般都超过尾端。雌雄羽色相似。虹膜黄色；眼先裸露部分黄绿色；嘴黑色（非生殖期为黄色，尖端黑色)；跗跖和趾黑色。

生态型：涉禽。

居留型：夏候鸟。

生境与分布：见于建德各地；生于稻田和各水域附近；省内分布于全省各地。

060 黄苇鳽 *Ixobrychus sinensis*

鹭科 Ardeidae

形态特征： 常见鹭科鸟类中较小的一种。雄鸟的前额至枕部黑色，羽冠同色；头侧和颈侧黄白色沾棕色；后颈棕红色；背、腰和尾上覆羽灰色；尾羽黑色；肩羽黄棕褐色；翅上覆羽黄褐色；飞羽黑色，羽端略沾棕色。下体自颏至尾下覆羽淡黄色，颏和喉部较淡近白色；胸侧羽缘栗红色。

生态型： 涉禽。

居留型： 夏候鸟。

生境与分布： 见于新安江、乾潭、梅城、下涯、三都、寿昌、大慈岩等地；生于芦苇等水草较多的湖泊、水库等处；省内分布于杭州、温州、绍兴、金华、衢州、台州、丽水等地。

061 夜鹭 *Nycticorax nycticorax* 鹭科 Ardeidae

形态特征： 中型鹭类。额基白色；头上、枕、后颈及背、肩部均黑色，具绿金属光泽；眼先及眉纹白色；后颈靠枕部生有2～3枚白色辫状长羽；上体余部以及颈侧、翼羽灰色，翼羽的色较深；下体白色，胸及两胁沾灰。虹膜红色（成鸟）或黄色（幼鸟)；嘴黑色；眼先裸露部分黄绿色；跗跖和趾黄色。

生态型： 涉禽。

居留型： 留鸟。

生境与分布： 见于建德各地；生于各水域附近；省内分布于全省各地。

062 白琵鹭 *Platalea leucorodia*

鹮科 Threskiornithidae

形态特征： 体形似鹭，喙长而平扁，中间狭窄，端部扩展成匙状，形如琵琶，故名。体羽几乎全为白色，颈羽端黄白色；眼先、眼周、颏和上喉裸出部黄色；下体白色微染黄。虹膜红褐色；嘴基部铅黑色，先端黄色，上嘴有黑皱纹；腿和脚黑色。

生态型： 涉禽。

居留型： 冬候鸟。

保护等级： 国家二级。

生境与分布： 见于新安江、乾潭、梅城、三都等地；生于新安江、富春江、兰江等水域附近；省内分布于全省各地。

063 鸳鸯 *Aix galericulata* 鸭科 Anatidae

形态特征：中型鸭类。嘴形短厚似鹅，雄鸟羽色艳丽，翅上有一对帆状饰羽，易于识别。雄鸟额和头顶翠绿色，面具金属光泽，后头有由铜赤色（枕部)、暗紫色及暗绿色（后颈)、白色(白色眉纹的延伸部分）诸色羽毛组成的长羽冠；眼先淡黄色，至要转为棕栗色；眼的上方和耳域棕白色；颈侧的领羽长矛状，呈辉栗色，羽轴黄白色，背、腰暗褐色，内侧肩羽金属蓝紫色，外侧肩羽白色而具绒黑色的宽边；尾上覆羽蓝黑色；尾羽暗褐色，翼上覆羽与尾羽同色；初级飞羽暗褐色，外翈具银白色的羽缘；次级飞羽褐色，具白色羽端；三级飞羽黑褐色，最后一枚形大如扇，直立于翅上，组成一对帆状饰羽，该羽的内翈栗黄色，具棕白色（前半部）和绒黑色（后半部）的羽缘，外翈金属蓝绿色而具栗黄色的先端。额及喉栗色；上胸和胸侧紫褐色而具金属光泽；下胸、腹和尾下覆羽白色；两胁黄褐色而密布黑色波状细纹；近腰处的胁羽先端具黑白相间的横斑。

生态型：游禽。

居留型：冬候鸟。

保护等级：国家二级。

生境与分布：见于新安江、洋溪、更楼、莲花、乾潭、梅城、杨村桥、下涯、大洋、三都、寿昌、大慈岩、大同、李家等地；生于溪流、湖泊、河流、水库等水域，也见于水域附近森林；省内分布于全省各地。

064 绿翅鸭 *Anas crecca*

鸭科 Anatidae

形态特征：常见野鸭中体形较小的一种。雄鸭的头和颈部深栗色，自眼周向后有黑褐色带紫绿色光辉的宽阔带斑，带斑与深栗色部分之间以及上嘴基部至眼前等处有浅棕近白色的细纹，上背、肩与两胁等处具黑白相间的虫蠹状细纹，两翼暗灰褐色，翼镜内侧绿色，外侧黑色有绒光。胸部棕白色，满布黑褐色点斑；腹部白色沾棕色，下腹略具黑褐色虫蠹状细纹。

生态型：游禽。

居留型：冬候鸟。

生境与分布：见于建德各地；生于江河湖泊、水库等水域；省内分布于全省各地。

065 绿头鸭 *Anas platyrhynchos*

鸭科 Anatidae

形态特征：体形较大。雄鸭的两对中央尾羽向上卷曲如钩，易于识别。雄鸟头和颈部暗绿色而具强烈的金属光泽，颜部近黑色，颈基有宽10余毫米的白色领环；上背和两肩满布褐色与灰色相间的虫蠹状细斑；下背黑褐色；腰及尾上覆羽绒黑色，中央两对尾羽黑色，向上卷曲如钩状；外侧尾羽灰褐色；翼镜蓝色有光泽，前后缘绒黑色并有白色宽边。上胸栗色，羽缘浅棕色；下胸两侧、两胁及腹淡灰白色，满布细小的褐色虫蠹状斑纹或点状斑；尾下覆羽绒黑色。

生态型：游禽。

居留型：冬候鸟。

生境与分布：见于建德各地；生于江河湖泊、水库等水域；省内分布于全省各地。

066 斑嘴鸭 *Anas zonorhyncha*

鸭科 Anatidae

形态特征：体形大小与绿头鸭相似。嘴蓝黑色但前端有黄斑，故名。雄鸟额、头顶和枕部暗褐色；自嘴基起有暗褐色带纹贯眼至耳区。眉纹黄白色；颊和颈侧黄白而杂有暗褐色小斑点，上背暗灰褐色而具棕白色羽缘；下背褐色；腰及尾上覆羽黑褐色；尾羽黑褐色而具棕白色羽缘；初级飞羽棕褐色；次级飞羽内翈黑褐色，外翈蓝绿色，形成蓝绿色带有紫色光泽的翼镜，羽端处具黑色宽带并镶有白边；三级飞羽暗褐色，外翈具宽而明显的白边；翅上覆羽暗褐色，羽端近灰白色；大覆羽暗褐色，端部黑色，暗褐色与黑色之间界以白色狭纹，构成翼镜的前缘。颈和喉黄白色；胸淡棕白色而杂有褐色斑；腹褐色而具灰褐色的羽缘，向右逐渐转为暗褐色;尾下覆羽近黑色。

生态型：游禽。

居留型：冬候鸟。

生境与分布：见于建德各地；生于江河湖泊、水库等水域；省内分布于全省各地。

067 白额雁 *Anser albifrons* 鸭科 Anatidae

形态特征：体形比豆雁略小，雌雄羽色相似。嘴基和前额部有明显的白色横斑，白斑的后缘黑色；头顶、后颈、背、肩、腰等处棕黑色，具灰白或近白色羽缘；翅上覆羽及三级飞羽与背同色，初级飞羽黑褐色；尾羽棕黑色，具白色羽缘。前颈及上胸灰棕色，向后渐淡，至腹为污白色，胸及腹部散有不规则的黑斑。

生态型：游禽。

居留型：冬候鸟。

保护等级：国家二级。

生境与分布：见于乾潭、梅城、三都等地；生于富春江及兰江水域；省内分布于全省各地。

068 豆雁 *Anser fabalis*

鸭科 Anatidae

形态特征：体形较大，嘴黑而有黄斑，易于跟其他雁类相区别。头和颈部暗褐色，头侧和喉部较淡，颈羽的羽端色淡而呈点斑状；上背和肩羽暗褐色而具浅色羽缘；下背及腰黑褐色；尾上覆羽白色；尾羽黑褐色而具灰白色羽缘（先端的灰白色较宽）；翼上覆羽灰褐色而具灰白色羽缘；初级和次级飞羽黑褐色，最外侧几枚飞羽的外翈灰色。胸部淡灰褐色，至腹逐渐转为污白色直至白色；尾下覆羽白色；胁淡灰褐色而具灰白色羽缘。雌雄羽色相似。

生态型：游禽。

居留型：冬候鸟。

生境与分布：见于乾潭、梅城、三都等地；生于富春江及兰江水域；省内分布于全省各地。

069 小天鹅 *Cygnus columbianus* 鸭科 Anatidae

形态特征：全身羽毛洁白色，仅头顶至枕部略沾些淡棕黄色。雌雄羽色相同。虹膜棕色；嘴黑灰色，嘴基两侧有柠檬黄色的黄斑；跗跖、蹼、爪等均黑色。

生态型：游禽。

居留型：冬候鸟。

保护等级：国家二级。

生境与分布：见于乾潭、梅城等地；生于富春江水域；省内分布于全省各地。

070 棉凫 *Nettapus coromandelianus*

鸭科 Anatidae

形态特征：鸭科鸟类中体形较小的一种。嘴形特殊，嘴基部高隆，形似鹅嘴。前额白色，额的余部及头顶黑褐色，毛尖带棕色；颈基部有一明显的黑白领环；头和颈的余部均为白色，肩、腰及翅上覆羽黑褐色，有光泽。初级飞羽的两端黑褐色，中部白色；次级飞羽黑褐色而具白色羽端；三级飞羽黑褐色；尾上覆羽及胁羽白色，布有黑褐色虫蠹状细斑；尾羽暗褐色。胸和腹部白色。

生态型：游禽。

居留型：夏候鸟。

保护等级：国家二级。

生境与分布：见于下涯；生于下涯湿地水草较多、水流缓慢的内塘；省内分布于全省各地。

071 林雕 *Ictinaetus malaiensis* 鹰科 Accipitridae

形态特征： 通体黑褐色，眼下及眼先具白斑；头、翼及尾色较深；两翼后缘近身体处明显内凹，因而使翼基部明显较窄，使翼后缘突出，飞翔时极微明显；尾较长，尾上覆羽淡褐色具白横斑；尾羽有不明显的灰褐色横斑。嘴铅色，尖端黑色；蜡膜和嘴裂黄色；趾黄色，爪黑色。

生态型： 猛禽。

居留型： 留鸟。

保护等级： 国家二级。

生境与分布： 见于建德各地；生于丘陵山地的森林中；省内分布于全省各地。

072 黑鸢 *Milvus migrans* 鹰科 Accipitridae

形态特征：上体及两翼的表面浓褐色，头顶及后颈具黑褐色羽干纹，纹侧棕白色，使该纹更明显；翼上覆羽先端大都缀以棕白色；外侧初级飞羽黑褐色，其基部具一大形白斑，展翅翱翔时尤为显著。尾呈叉状；尾羽土褐色而微具若干黑褐色横斑，内翈横斑明显。耳羽黑褐色，故又名黑耳鸢。颏、喉污白色，具黑褐色羽干纹；胸至上腹呈浓褐色，羽干稍黑而两侧淡棕色，呈纵纹状；下体余部大都淡棕黄色，稍缀褐纹。

生态型：猛禽。

居留型：留鸟。

保护等级：国家二级。

生境与分布：见于建德各地；生于平原和低山丘陵地带；省内分布于全省各地。

073 蛇雕 *Spilornis cheela* 鹰科 Accipitridae

形态特征：头顶及羽冠黑色，羽基白色。上体余部及翼、上覆羽暗褐色，端缘较淡，小翼羽及小覆羽先端缀白点，尾上覆羽端缘白色，并疏杂狭窄的白色横斑。尾羽黑色，羽基暗褐色，中部贯以一道宽阔污白色沾暗褐色的横斑。飞羽黑褐色，具宽阔的褐色横斑，此斑在翼下呈白色。下体淡棕褐色，喉及上胸微缀淡色横斑；次后满布缀有褐缘的白色点斑，两胁亦然，此斑至尾下覆羽并成横斑状；翼下覆羽白斑密布。

生态型：猛禽。

居留型：留鸟。

保护等级：国家二级。

生境与分布：见于新安江、乾潭、梅城、大洋、三都、寿昌、大慈岩、大同、李家等地；生于山区丘陵地带森林内；省内分布于全省各地。

074 灰胸竹鸡 *Bambusicola thoracicus* 雉科 Phasianidae

形态特征： 额与眉纹灰色；眉纹向后延至上背，头顶、枕、后颈暗橄榄褐色，头顶杂以细小棕色斑点；头、颈的两侧栗红色。上体大部分黄橄榄褐色，各羽具黑褐色虫蠹状细斑。背灰褐色，具栗红色大斑和小白点，肩羽的白点较多；腰和尾上覆羽橄榄褐色，中央尾羽红棕色，密杂以黑褐色横斑；外侧尾羽几纯红棕色。翅上覆羽与背同色并缀以栗色大斑和黑色端缘。初级飞羽、次级飞羽暗褐色；初级飞羽外翈棕色。颜、喉栗红色；前胸蓝灰色，后缘栗红色；后胸至尾下覆羽棕色，前浓后淡，尾下覆羽沾栗色，两胁密杂以黑褐色斑。

生态型： 陆禽。

居留型： 留鸟。

生境与分布： 见于建德各地；常生于海拔1000米以下丘陵山地的森林、竹林、灌丛等生境；省内分布于全省各丘陵山地。

075 白鹇 *Lophura nycthemera* 雉科 Phasianidae

形态特征：额、头顶和羽冠纯辉蓝黑色，耳羽灰白色，脸的裸出部赤红色。上体与两翼均白色，布满整齐的"V"状黑纹，在后颈和背部甚细，呈似粉粒状；而在翅上则较粗，间隔也较疏，尤其在次级飞羽上，初级飞羽的外缘黑纹较浅，略带棕褐色，羽干棕褐色，次级飞羽的羽干黑白相间；翅上覆羽的羽干白色。尾甚长，中央尾羽几纯白色，仅外翈基部到中部具波状黑纹；外侧尾羽两翈均具黑纹。额、喉、胸、腹、尾下覆羽等均纯辉蓝黑色，但颏、喉和下腹部辉亮较差，而近黑褐色。

生态型：陆禽。

居留型：留鸟。

保护等级：国家二级。

生境与分布：见于建德各地；生于山区丘陵的森林中；省内分布于全省丘陵山地。

076 环颈雉 *Phasianus colchicus* 雉科 Phasianidae

形态特征：额黑色，头顶青铜褐色，具白色眉纹；眼周和颊部的皮肤裸出，呈绯红色，眼下有一块蓝黑色短羽，耳羽黑色。颜、喉、颈黑色。颈侧具紫色金属反光，其他部位呈蓝色金属反光；颈下有一白色环，但在前颈中断。上背黑褐色，并具“V”形浅黄白色和黑色纹，外缀浅金黄色宽边，至背中部转为栗色。下背及腰浅蓝色，羽基黑褐色。羽端部具黄、黑和深蓝相间排列的短小横斑；尾上覆羽污黄灰色；腰侧丛生栗黄色发状羽毛。中央尾羽黄灰色，具一系列黑色横斑，其外缘转为紫红色，羽缘呈浅紫红色，外侧尾羽也具黑色横斑，但仅外翈具浅紫红色羽缘。肩羽和翅上内侧覆羽淡黄白色，羽干两侧黑褐色，外围具黑色狭纹以及紫栗色羽缘，其余覆羽大都浅蓝灰色，大覆羽边缘杂以紫栗色斑纹。飞羽浅褐色，杂以淡黄近白色的点斑和横斑。胸部呈带紫铜红色，有金属光泽，羽端其倒置的锚状黑斑，羽基端黑褐色；两胁淡黄色，各羽在尖端处有一大形黑斑；腹部黑褐色，尾下覆羽栗色。

生态型：陆禽。

居留型：留鸟。

生境与分布：见于建德各地；生于山区丘陵的森林、灌草丛及农田附近；省内分布于全省各地。

077 骨顶鸡 *Fulica atra* 秧鸡科 Rallidae

形态特征：头和颈深黑色，背羽和翼羽灰黑色，并略具金属光泽，尾部黑褐色。第1枚初级飞羽的外翈白色，次级飞羽先端白色，下体自胸部以下灰黑色。虹膜红褐色，嘴和额甲板白色，呈倒卵形，嘴尖端暗灰色，基部淡肉红色；跗跖和趾橄榄绿色，趾具波形瓣蹼。

生态型：涉禽。

居留型：冬候鸟。

生境与分布：见于建德各地；生于植物较多的湖沼、河流等处；省内分布于全省各地。

078 黑水鸡 *Gallinula chloropus*

秧鸡科 Rallidae

形态特征： 成鸟的头颈和上背灰黑色，下背、腰、尾羽和尾上覆羽均橄榄褐色，第1枚初级飞羽外栩白色。下体羽灰黑色，向后渐淡，下腹部羽端缀以白色，形成黑白相杂的块状斑。两胁具宽阔的白色条纹，尾下覆羽两侧白色，中央黑色。

生态型： 涉禽。

居留型： 留鸟。

生境与分布： 见于建德各地；生于湖沼、溪流、江河、池塘等水域，偶见于水稻田；省内分布于全省各地。

079 环颈鸻 *Anarhynchus alexandrinus*

鸻科 Charadriidae

形态特征： 额、眉纹白色，头顶至颈淡棕褐色；眼先和颊部暗褐色；后颈基部白色，向下延伸形成白色领圈；耳羽上半部暗褐色，下半部白色，连接领圈。上体背、肩、腰和尾上覆羽淡棕褐色；中央尾羽黑褐色，外侧尾羽白色。初级飞羽黑褐色，内翈具白色斑块，第1枚飞羽的羽干白色；次级飞羽褐色，羽端缘白色，外翈具白色斑块；三级飞羽褐色；翅上覆羽淡褐色。上胸两侧各具一大形黑色块斑，下体余部几纯白色。雌雄两性略有差异，雌性体羽略浅。

生态型： 涉禽。

居留型： 冬候鸟。

生境与分布： 见于新安江、乾潭、梅城、三都、寿昌等地；生于江河两边浅滩、湖沼、鱼塘边、水田等水域；省内分布于全省各地。

080 金眶鸻 *Charadrius dubius* 鸻科 Charadriidae

形态特征：前额和眉纹白色；额基和头顶前部、眼先、颊、眼后和耳羽黑色；头顶后部和枕灰褐色；后颈具一白色领状环，向下延伸与喉部白色相连接；紧接白领状环有一黑领圈，围绕上背和上胸部。上体肩、背、尾上覆羽灰褐色；中央尾羽与体色同，唯末端黑褐色；外侧尾羽白色，内翈具黑褐色块斑。翅羽黑褐色，初级飞羽第1枚羽干纯白色；覆羽灰褐色，端缘白色。颏、喉、颈侧均白色；下体除上胸黑色外，余部均白色。雌雄同形。

生态型：涉禽。

居留型：旅鸟。

生境与分布：见于建德各地；生于江河两边浅滩、湖沼、鱼塘边、水田等各种水域，偶见于积水洼地；省内分布于全省各地。

081 灰头麦鸡 *Vanellus cinereus* 鸻科 Charadriidae

形态特征：头部和颈部灰色；后颈略带灰褐色。上体背、肩暗褐色；腰、尾上覆羽纯白色；尾羽纯白色，除外侧尾羽外，次端黑色，末端白色。初级飞羽和覆羽黑色，次级飞羽和大覆羽白色，翅上小覆羽和三级飞羽暗褐色。下体胸部暗褐色，腹、胁、翅下和尾下覆羽均白色，在两色分界处形成黑色斑状环。

生态型：涉禽。

居留型：冬候鸟。

生境与分布：见于建德各地；生于江河、溪流、湖沼、池塘、水田等水域附近；省内分布于全省各地。

082 矶鹬 *Actitis hypoleucos* 鹬科 Scolopacidae

形态特征：额灰褐色，杂以黑褐色点斑；眼先暗褐色，眉纹灰白色，颊部、耳羽灰褐色，以上均杂以黑褐色点斑。上体羽均绿褐色，具古铜色金属光泽，杂以黑褐色羽干纵纹和横斑；尾羽绿褐色，中央尾羽缀有黑褐色横斑，外侧尾羽间具白色横斑，羽端缘白色。初级飞羽黑褐色，内翈中央具白色斑；次级飞羽黑褐色，内翈中央具白色宽斑，羽端缘白色；初级覆羽和大覆羽黑褐色，羽端缘白色，翅上其余覆羽和三级飞羽均与上体羽色同。下体颏、喉、前颈和胸灰白色，缀以黑褐色羽干纵纹，腹、两胁和尾下覆羽均白色。雌、雄两性羽色相同。

生态型：涉禽。

居留型：冬候鸟。

生境与分布：见于建德各地；生于各水域浅水地带、农田等；省内分布于全省各地。

083 扇尾沙锥 *Gallinago gallinago*

鹬科 Scolopacidae

形态特征：额、顶、枕部黑色，头顶中央和眼上方具黄棕色纵纹；眼下纹黑褐色，向前延伸至喙基部。上体黑褐色，杂以不规则棕褐色或土黄色的横斑和纵纹；尾上覆羽基部灰黑色，末端灰白色，中间具黑褐色与棕黄色相间的横斑；尾羽14枚，基部近黑色，继而棕红色，末端灰白色；最外侧两枚尾羽外翈白色，并缀以灰黑色横斑。腋羽纯白色，杂以灰褐色横斑。翅灰黑色，第1枚飞羽最长，外翈白色；内侧飞羽和次级飞羽末端灰白色。喉和前胸棕褐色，杂以棕黄色斑纹；下体及尾下覆羽白色。

生态型：涉禽。

居留型：冬候鸟。

生境与分布：见于建德各地；生于稻田、沼泽草地、水库浅滩、江河浅水区、溪流两旁等；省内分布于全省各地。

084 丘鹬 *Scolopax rusticola* 鹬科 Scolopacidae

形态特征：额灰褐色而杂以黑褐色和棕褐色斑纹；头顶、枕部黑褐色，中央具4条灰褐色横斑；眼先黑褐色，颊部淡灰褐色。体羽锈红色，缀以黑褐色和棕灰色块斑和横纹，上背和肩部具较大形黑色斑纹；腰和尾上覆羽具较细黑褐色横斑；尾羽黑褐色，羽缘具锯齿形锈红色横斑，末端表面灰褐色，下面白色。初级和次级飞羽的外翈及三级飞羽的内外翈均缀以锈红色横斑。下体除颏、喉部灰棕色外，其余均灰白色，并缀以稠密而较细的黑褐色横纹。尾下覆羽淡棕色，且具箭状黑褐色斑。

生态型：涉禽。

居留型：冬候鸟。

生境与分布：见于新安江、乾潭、梅城、寿昌、大同等地；生于山间溪流两旁、丘陵地带低洼灌草丛；省内分布于全省各地。

085 鹤鹬 *Tringa erythropus* 鹬科 Scolopacidae

形态特征： 额、头顶、枕和后颈均灰褐色，杂以灰白色羽干纹；眉纹灰白色，始于鼻孔后缘；眼先黑褐色；颊部和耳羽灰白色，缀以灰褐色点斑。上体肩、上背黑褐色，羽缘杂以灰白色点斑；下背和腰纯白色；尾上覆羽和尾羽黑褐色，与白色横斑相间；初级飞羽黑褐色，内翈具宽白色斑，第1枚飞羽的羽干白色；次级飞羽黑褐色，外翈间有白色横斑，端缘白色，覆羽黑褐色，间有白色横斑。下体颏、喉白色，前颈白色，并密缀以黑褐色纵斑；胸、腹和尾下覆羽白色，具黑褐色横斑；胁、翅下覆羽白色。

生态型： 涉禽。

居留型： 冬候鸟。

生境与分布： 见于乾潭、梅城、三都、寿昌等地；生于江河边滩地；省内分布于全省各地。

086 林鹬 *Tringa glareola*

鹬科 Scolopacidae

形态特征： 额、头顶、枕、颈部暗褐色，布以灰白色条纹斑。眼先、颊灰白色；颏、喉白色。上体暗褐色，各羽边缘缀以白色斑纹，尾上覆羽白色，尾羽除中央一对褐色，最外侧尾羽白色外，其余均暗褐色和白色相间，形成横斑。胸、胁白色，具淡褐色点斑或横斑。下体白色，腋羽、尾下覆羽具褐色点斑。夏羽色鲜。

生态型： 涉禽。

居留型： 旅鸟。

生境与分布： 见于建德各地；生于湖沼、稻田、江河、湖泊、水库、池塘边；省内分布于全省各地。

087 青脚鹬 *Tringa nebularia* 鹬科 Scolopacidae

形态特征： 头部、颈部灰白色，杂以黑褐色纵纹。上体背、肩灰褐色，羽缘灰白色；下背、腰、尾上覆羽纯白色；尾羽白色，间有黑褐色波浪形斑纹。初级飞羽黑褐色，羽干白色；次级飞羽灰褐色，羽缘灰白色。覆羽灰黑褐色，羽缘灰白色，羽干黑褐色。颏灰白色；喉、前颈和胸灰白色，具褐色纵纹，或仅在胸两侧具褐色纵纹；胁白色，间有灰褐色横斑；腋、尾下覆羽白色。

生态型： 涉禽。

居留型： 冬候鸟。

生境与分布： 见于建德各地；生于江河浅滩、湖泊、鱼塘等浅水区域；省内分布于全省各地。

088 红脚鹬 *Tringa totanus* 鹬科 Scolopacidae

形态特征：额、头顶、枕和颈灰褐色，或杂以黑褐色羽干纵纹；眉纹灰白色，起于喙基部，至于枕侧；颊部灰白色，杂以灰褐色点斑。上体肩、背覆羽灰褐色，羽缘灰白色或间有暗褐色细纵纹；腰羽白色；尾上覆羽、尾羽白色，与褐色横纹相间；初级飞羽黑褐色，羽干白色，内翈中段具较宽白色斑；次级飞羽黑褐色，基部与羽缘白色。下体颏、喉灰白色；前颈和胸灰白色，缀以较密的沙褐色羽干纹；腹和尾下覆羽白色。

生态型：涉禽。

居留型：冬候鸟。

生境与分布：见于新安江、乾潭、梅城、下涯、三都、寿昌等地；生于各水域浅滩、水稻田、鱼塘等地；省内分布于全省各地。

089 黑翅长脚鹬 *Himantopus himantopus* 鹬科 Scolopacidae

形态特征：额、眼先、颊部白色；头顶、枕黑褐色；项颈和后颈灰褐色，羽端缘具灰白色点斑。上体肩、上背、初级飞羽、翅下覆羽均黑色，具闪光金属光泽。次级飞羽、翅下覆羽黑色，羽端缘淡灰褐色；尾羽淡灰褐色，上、下体余部均纯白色。

生态型：涉禽。

居留型：旅鸟。

生境与分布：见于新安江、乾潭、梅城、杨村桥、下涯、大洋、三都、寿昌、航头等地；生于湖泊浅水滩地、江河浅滩、水稻田等地；省内分布于全省各地。

090 须浮鸥 *Chlidonias hybrida* 鸥科 Laridae

形态特征： 额、头顶、枕部和后上颈均黑色；颊、颈侧、须和喉白色。上体背、肩、腰和尾上覆羽均灰色；尾羽灰白色，最外侧尾羽最长，呈叉状；初级飞羽暗灰褐色，羽干白色，内翈灰白色；翅上覆羽与肩背色同，翅下覆羽白色。下体胸暗灰色；腹部灰黑色；尾下覆羽白色。虹膜猩红色；嘴肉红色；脚肉红色，爪黑色。

生态型： 游禽。

居留型： 冬候鸟。

生境与分布： 见于新安江、洋溪、乾潭、梅城、杨村桥、下涯、大洋、三都等地；生于新安江、富春江、兰江等水域；省内分布于浙东地区入海水系及支流流域。

091 珠颈斑鸠 *Spilopelia chinensis* 鸠鸽科 Columbidae

形态特征： 额淡灰色，头顶灰葡萄红色；颈枕葡萄红色，颈后基部和其两侧有宽阔的黑色领圈，羽端杂有许多白色点状斑。上体葡萄褐色缀棕红色羽缘。中央尾羽暗葡萄褐色，外侧尾羽黑色，羽端具灰白色宽斑；飞羽大都深褐色，羽缘较淡；翼缘及最外侧小覆羽和中覆羽蓝褐色；翼上其余覆羽灰褐色，羽缘较淡。颏灰白色；喉、胸、腹羽均葡萄红色，胸部更浓些；尾下覆羽石板灰色沾葡萄红；胁和腋羽银灰色。

生态型： 陆禽。

居留型： 留鸟。

生境与分布： 见于建德各地；生于丘陵、山地及平原森林中，也见于农田及庭院；省内分布于全省各地。

092 山斑鸠 *Streptopelia orientalis* 鸠鸽科 Columbidae

形态特征： 额淡葡萄红色，头部灰葡萄红色；颈基两侧各有一团黑羽，羽端蓝灰白色；背羽灰褐色，羽缘灰栗红色，腰羽及下背暗蓝灰色；尾上覆羽灰黑色，末端灰白色，中央尾羽暗黑沾灰色，外侧尾羽末端蓝灰色。三级飞羽及内侧翼上覆羽缘有宽著的栗红色边，外侧中覆羽表面蓝灰色；初级覆羽和其余飞羽黑褐色。颏、喉淡黄棕色；胸羽及胸两侧灰葡萄红色，腹羽浅葡萄红色；腋羽及翼下覆羽深灰色，尾下覆羽蓝灰白色。

生态型： 陆禽。

居留型： 留鸟。

生境与分布： 见于建德各地；生于平原及丘陵山区的森林或灌草丛；省内分布于全省各地。

093 斑头鸺鹠 *Glaucidium cuculoides*

鸱鸮科 Strigidae

形态特征： 上体、头颈两侧及两翼表面均暗褐色，并密布以棕白色细横斑；头顶的横斑尤细而密，部分肩羽及大覆羽的外翈还具大白斑；尾羽及外侧飞羽稍黑，前者具六道明显的白色横斑，尾端亦缀白，后者外翈缀以似三角形的棕白至淡棕色缘斑，内翈具同色横斑。颏、喉白色，上喉中央具一与颈色相似的大块斑；胸、上腹及两胁亦与颈色相似；下腹白色，两侧杂以褐色粗纵纹；尾下覆羽纯白色；覆腿羽与背色相似，但斑纹不清晰；跗跖羽白色，其前缘缀以褐斑。

生态型： 猛禽。

居留型： 留鸟。

保护等级： 国家二级。

生境与分布： 见于建德各地；生于丘陵及平原地区的树林间，也见于村落附近的电线上；省内分布于全省各地。

094 领角鸮 *Otus lettia*

鸱鸮科 Strigidae

形态特征：额至眼上方灰白色，缀以暗褐色狭纹和细点；面盘灰白沾棕色而杂以纤细褐纹，眼先羽端缀黑褐色，眼周前上部栗褐色；翎领棕白色，杂以黑褐色羽端和横纹，头顶两侧具长形耳状羽突，其外翈黑褐色并具棕斑，内翈棕白色而杂以暗褐色蠹状点斑。上体及两翼的表面棕褐色而具黑褐色串珠状羽干纹，两翈布满同色虫蠹状细斑，并散缀淡棕黄至棕白色眼斑；头顶羽干纹较显著；后颈眼斑形大而多，呈现一道不完整的半领圈；初级覆羽和外侧飞羽黑褐色，前者外翈杂以栗棕色横斑，后者外翈具宽阔的淡棕黄色横斑；尾羽约具六道黑褐色与栗棕色相间的横斑，各斑均缀蠹状纹。下体灰白沾淡棕黄色，羽干纹黑褐色，且密布以同色蠹状波纹；尾下覆羽棕白色，先端微缀黑褐色羽干纹和蠹状纹；覆腿羽棕黄色，近趾基转棕白色，并杂以黑褐斑。

生态型：猛禽。

居留型：留鸟。

保护等级：国家二级。

生境与分布：见于建德各地；生于山地及平原地区树林间；省内分布于全省各地。

095 普通夜鹰 *Caprimulgus jotaka* 夜鹰科 Caprimulgidae

形态特征：上体以灰褐色为主，满杂以黑褐色虫蚀斑。头顶有较宽的黑色羽干纹。后颈基部有些羽毛具棕白色块斑。上背黑褐色较浓，肩羽羽端有黑褐色块斑。翼上覆羽和飞羽黑褐色，具锈红色块斑。第1枚初级飞羽的内翈和第2～3枚初级飞羽的内外翈具大形白色块斑；中央1对尾羽灰白色，具较宽的黑褐色横斑，横斑间密缀以同色的虫蚀斑；其外侧4对尾羽黑褐色，具棕红色与黑褐色相杂的虫蚀横斑，近羽端处有一大的白色块斑，该斑由外向内渐小，尾羽端具灰白色的细羽缘。额、喉暗褐色，具棕色细斑，下喉有一白色斑；胸部灰褐色，羽端具灰白色虫蚀斑；腹及两胁棕红色，有自前向后渐疏的黑褐色横斑。

生态型：攀禽。

居留型：夏候鸟。

生境与分布：见于建德各地；生于山地丘陵森林内；省内分布于全省各地。

096 普通翠鸟 *Alcedo atthis*

翠鸟科 Alcedinidae

形态特征：从头至后颈蓝褐色，具翠蓝色横斑，眼先和过眼纹黑褐色；前额左、右侧和眼眶下及耳羽栗棕色，耳羽后有一块白斑，两颊及颈侧绿蓝色，具黑褐色横纹。上体辉翠蓝色，翼上覆羽暗绿蓝色，具翠蓝色羽端斑；飞羽黑褐色，外翈蓝绿色。尾羽背面绿蓝色，下面暗褐色。颏、喉纯黄白色，下体余部概栗棕色，腹部略淡。

生态型：攀禽。

居留型：留鸟。

生境与分布：见于建德各地；生于各水域附近；省内分布于全省各地。

097 斑鱼狗 *Ceryle rudis*

翠鸟科 Alcedinidae

形态特征：头顶、两颊及耳羽黑色，具白色细纹；眉纹白色，自嘴基伸至后颈两侧，颈侧有一块白斑。背至尾上覆羽白色，近羽端具黑色块斑，背和尾上覆羽黑斑较大。翼上覆羽黑白相杂；初级飞羽近羽基一半白色，另一半黑色；次级飞羽白色，外翈近羽端具黑斑，内侧飞羽的内外翈都有大的黑斑。尾羽黑色，羽基和羽端白色。下体除前胸具前宽后狭的两道黑色胸带以及两胁与腹侧具黑色斑点外，其余概纯白色。

生态型：攀禽。

居留型：留鸟。

生境与分布：见于建德各地；生于山涧、河流及湖泊边；省内分布于全省各地。

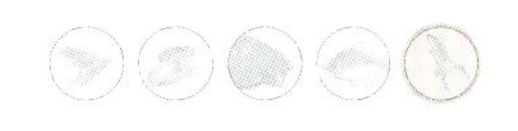

098 戴胜 *Upupa epops*

戴胜科 Upupidae

形态特征： 头上羽冠棕栗色，各羽先端黑色，后头的冠羽黑端下具白斑。头、颈和胸灰褐色。上背、翼上小覆羽栗褐色；下背和肩羽黑褐色，具白色横斑和羽缘。腰白色。尾上覆羽黑褐色。两翼自小覆羽之后概黑色，向内转为黑褐色。中、大覆羽具近端棕白色横斑；三级飞羽杂以同色的斜纹和羽缘；次级飞羽贯以四列白色横斑；初级飞羽仅在羽端处具一道白斑，自外侧向内后斜。尾羽黑色，中央横贯一道白斑，外侧尾羽上的白斑渐向后移，最外侧尾羽的外翈羽缘白色。上腹淡灰褐色，下腹近白色；两胁杂以黑褐色纵纹。

生态型： 攀禽。

居留型： 留鸟。

生境与分布： 见于新安江、乾潭、梅城、寿昌、航头等地；生于开阔的郊野或园地；省内分布于全省各地。

099 斑姬啄木鸟 *Picumnus innominatus* 啄木鸟科 Picidae

形态特征：额至后颈栗色，自眼先有二道白纹沿眼的上下方向后延至颈侧。耳羽栗褐色。背、腰黄绿色。两翼褐色，表面黄绿色。尾羽大都黑褐色，中央1对的内翈及外侧2对的近端处均具显著白斑。颏、喉白色。下体余部灰白微沾黄绿色。胸部布满大型黑色斑点。两胁后部杂以黑色横斑。

生态型：攀禽。

居留型：留鸟。

生境与分布：见于建德各地；生于山地丘陵森林及灌草丛中；省内分布于全省各地。

100 小云雀 *Alauda gulgula*

百灵科 Alaudidae

形态特征：羽色和云雀相似。上体砂棕色，各羽具显著的黑褐色纵纹。头顶和后颈的黑纹比较细密；眼先和眉纹棕白色，耳羽淡棕栗色。胸部棕白色，密布黑褐色羽干纹，下体余部棕白色。雌雄羽色近似。虹膜暗褐色；嘴褐色，下嘴基部淡黄色；脚黄肉色。

生态型：鸣禽。

居留型：留鸟。

生境与分布：见于新安江、乾潭、梅城、杨村桥、下涯、大洋、三都、寿昌、航头、大慈岩、大同等地；生于江河或溪流边的开阔地带、田间荒地；省内分布于全省各地。

101 烟腹毛脚燕 *Delichon dasypus* 燕科 Hirundinidae

形态特征： 上体额、头顶、头侧、背、肩均黑色，头顶、耳覆羽、上背和翕具蓝黑色金属光泽。后颈羽毛基部白色，有时显露于外。下背、腰和短的尾上覆羽白色。具细的褐色羽干纹。长的尾上覆羽黑褐色，羽端微具金属光泽，尾羽黑褐色，尾呈浅叉状。两翅飞羽和覆羽黑褐色，具蓝色金属光泽。下体自颏、喉到尾下覆羽均烟灰白色，胸和两胁缀有更多烟灰色，尾下覆羽具细的黑色羽干纹，长的尾下覆羽灰色，具宽的白色边缘。

生态型： 鸣禽。

居留型： 夏候鸟。

生境与分布： 见于洋溪、乾潭、李家等地；生于山地溪流附近房屋；省内分布于全省各地。

102 金腰燕 *Cecropis daurica*

燕科 Hirundinidae

形态特征： 上体呈金属光泽的蓝黑色，头后略杂以栗黄色。腰部栗黄色，形成宽阔的腰带。眼先棕灰色，耳羽棕黄色，自眼后上方直至颈侧为栗黄色。尾羽黑褐色，除最外一对外，其余尾羽外侧稍带金属光泽。下体白色沾棕，满布黑色羽干纹。

生态型： 鸣禽。

居留型： 夏候鸟。

生境与分布： 见于建德各地；生于山间村落或平原城镇；省内分布于全省各地。

103 家燕 *Hirundo rustica* 燕科 Hirundinidae

形态特征：上体蓝黑色，具金属光泽，飞羽和尾羽黑褐色，微具绿色光泽。飞羽狭长；尾羽最外侧延长，其余各对的长度由外向内依次递减，除中央一对外，其余内翈基处均有白斑。飞行时尾羽平展成剪状，白斑互连成“V”字形。颏、喉和前胸均栗色，后胸有不完整的黑色横带；下胸、腹部至尾下覆羽淡黄白色。雌雄相似。

生态型：鸣禽。

居留型：夏候鸟。

生境与分布：见于建德各地；生于村落或城镇；省内分布于全省各地。

104 树鹨 *Anthus hodgsoni*

鹡鸰科 Motacillidae

形态特征：上体为一致的褐绿色或橄榄绿色；头顶具黑褐色羽干纹，其中位于眉纹上方的羽干纹较粗黑，次后渐淡，至下背完全消失，眉纹污黄白色；眼先黄白色，贯以暗褐色眼纹；耳羽褐绿色与棕白色相杂；中央尾羽暗褐色，次3对黑褐色并具黄绿色边缘，最外侧一对的内翈具大形楔状白斑；翼羽黑褐色，中覆羽的末端和大覆羽的外缘黄白色，骈成不太明显的翼斑。额、喉棕白色或棕色；喉两侧有黑斑纹；胸部杂以粗黑斑；腹侧和胁棕色，有较细窄的羽干纹；腹中和尾下覆羽白色或惊白色。

生态型：鸣禽。

居留型：冬候鸟。

生境与分布：见于建德各地；生于平原、丘陵及山地森林中；省内分布于全省各地。

105 山鹡鸰 *Dendronanthus indicus* 鹡鸰科 Motacillidae

形态特征： 头、颈橄榄褐色；白色细眉纹自眼上方至颈侧；耳区有橄榄褐色细纹；背、腰及尾上覆羽橄榄绿色，中央尾羽较短小，羽色同背部，外侧尾羽黑褐色，最外侧尾羽外翈白色；飞羽黑褐色，端部色较浅，除第1枚外，其余飞羽基部白色，端部外翈缘缀以窄的黄白浅色边；中覆羽和大覆羽黑褐色，末端白色，形成两道翼斑。颏基浅黄色，颏后、喉白色；前胸有黑色半环带，胸中央有纵斑，两侧有不连续的褐斑；下胸、腹及尾下覆羽白色。

生态型： 鸣禽。

居留型： 夏候鸟。

生境与分布： 见于乾潭、李家等地；生于山地丘陵溪流附近林区；省内分布于全省各地。

106 白鹡鸰 *Motacilla alba* 鹡鸰科 Motacillidae

形态特征： 额、头顶、头侧、颈侧及颏、喉、前胸概白色。上体自头顶后开始至腰概黑色；尾上覆羽两侧白色，最外侧2对尾羽全白色或翈缘有少许黑斑，其余尾羽黑色，中央尾羽外翈缘镶以狭白边；飞羽灰褐色，外侧缘以宽窄不一的白边，内侧缘及基部白色较多；初级覆羽、中覆羽白色，大覆羽外缘白色，形成明显的翼上白斑。下体除胸部有半环形或三角形黑斑外，其余均白色或淡灰白色，羽干基部黑色。

生态型： 鸣禽。

居留型： 留鸟。

生境与分布： 见于建德各地；生于各种水域附近，也见于农田荒野；省内分布于全省各地。

107 灰鹡鸰 *Motacilla cinerea* 鹡鸰科 Motacillidae

形态特征：头部及颈后灰色沾绿，自额侧至眼后上方有窄的白色眉纹；颊灰白色。背、上腰灰褐色；下腰及尾上覆羽鲜黄色，杂有绿色；中央尾羽黑褐色，外侧缘黄绿色；最外侧尾羽白色；第2～3对的外翈黑褐色，内翈白色。翅黑褐色，内侧初级飞羽的内翈基部具白色羽缘，次级飞羽基部白色，展翅后白色翼斑明显。下体除颏、喉黑色，羽端微具白色外，胸、腹羽概黄色沾灰绿；尾下覆羽鲜黄色；腋羽棕白色。

生态型：鸣禽。

居留型：留鸟。

生境与分布：见于建德各地；生于较开阔的原野或山地溪流边；省内分布于全省各地。

108 黄鹡鸰 *Motacilla tschutschensis*

鹡鸰科 Motacillidae

形态特征：上体自额至腰为橄榄草绿色，从额侧开始沿眼上方至眼后有一黄色眉纹；眼先、颊、耳羽橄榄褐色；尾羽黑褐色，缘以窄的浅黄色边；最外侧及次外侧尾羽除内翈缘以宽的黑褐色边外，其余均白色；翼羽黑褐色，初级飞羽外缘有很窄的黄边，次级飞羽外翈缘以较宽的黄边；大覆羽、中覆羽末端黄色，形成二道黄色翼斑。下体除胸为橄榄草绿色外，从颏至尾下覆羽均黄色。

生态型：鸣禽。

居留型：冬候鸟。

生境与分布：见于建德各地；生于丘陵山地溪流岸边或平原河流、湖泊、水田边；省内分布于全省各地。

109 小灰山椒鸟 *Pericrocotus cantonensis* 山椒鸟科 Campephagidae

形态特征：鼻羽灰黑色，额和头顶前部白色，头顶后部、枕、眼后及耳羽后部灰黑色。背部灰褐色，至腰和尾上覆羽转浅淡为沙褐色。两翅黑褐色，内侧初级飞羽中部和次级飞羽基部具淡黄色翼斑；内侧初级飞羽和外侧次级飞羽的内翈基部具宽阔白斑。中央尾羽黑褐色，次一对同色，先端近白色；其余尾羽白色，基部具黑褐色斜斑。眼先黑色，眼先下方、颊、耳羽下方、颏、喉以及腹部均白色，胸和两胁灰褐色。

生态型：鸣禽。

居留型：夏候鸟。

生境与分布：见于建德各地；生于低山丘陵或平原处的森林内；省内分布于全省各地。

110 栗背短脚鹎 *Hemixos castanonotus* 鹎科 Pycnonotidae

形态特征：额和头顶前部浓栗色，头顶后部和枕转为栗黑色；眼、颊、耳羽和颈侧均棕栗色。上体肩、背、腰和尾上覆羽栗褐色；尾羽暗褐色；外侧尾羽内翈缘灰白色；翅暗褐色；初级飞羽、次级飞羽和大、小覆羽外翈缘灰白色；次级飞羽内翈缘白色。颏、喉、腹和尾下覆羽皆白色；胸和胁灰白色；翅下覆羽白色。

生态型：鸣禽。

居留型：留鸟。

生境与分布：见于建德各地；生于丘陵山区森林内，也见于山村附近的竹林或灌草丛；省内分布于全省各地。

111 黑短脚鹎 *Hypsipetes leucocephalus* 鹎科 Pycnonotidae

形态特征： 头部和颈部白色，老年个体中上胸亦白色。上体自背部至尾上覆羽均黑色，羽基浅灰黑色；翅、尾、下体均黑色。虹膜黑褐色；嘴鲜红色；脚橙红色。

生态型： 鸣禽。

居留型： 留鸟。

生境与分布： 见于建德各地；生于山区森林内；省内分布于全省各地山区。

112 绿翅短脚鹎 *Ixos mcclellandii* 鹎科 Pycnonotidae

形态特征：额、头顶和枕栗褐色，具白色羽干纹，羽端尖；眼先、颊灰白色；耳羽锈色；后颈浅栗褐色。上体肩、背、腰和尾上覆羽棕褐色；尾羽纯橄榄绿色，具金属光泽，羽轴暗褐色；飞羽暗褐色，外翈橄榄绿色，内翈基缘灰白色；翅覆羽橄榄绿色。颏、喉灰褐色，具白色羽干纹，羽端尖；胸橙棕色；腹部棕灰色；胁、翅下覆羽淡灰棕色；尾下覆羽浅黄色。

生态型：鸣禽。

居留型：留鸟。

生境与分布：见于建德各地；生于山地丘陵区森林内，也见于村庄附近杂木林、灌草丛；省内分布于全省各地。

113 白头鹎 *Pycnonotus sinensis* 鹎科 Pycnonotidae

形态特征： 额和头顶黑色；枕部白色；眼先和颊黑色；耳羽棕褐色，后部转为白色。上体肩、背、腰、尾上覆羽，包括翅上覆羽均暗灰色，具黄绿色羽缘，形成晦暗的纵纹；飞羽和尾羽暗褐色，外翈缘黄绿色，飞羽内翈基部灰白色。颏、喉白色；胸部具不明显的灰褐色宽带，羽缘略沾黄绿色；腹和尾下覆羽白色，杂以不显著的黄绿色纵纹；胁灰色；翅下覆羽白色。雌雄相似。

生态型： 鸣禽。

居留型： 留鸟。

生境与分布： 见于建德各地；生于平原和山区丘陵地带；省内分布于全省各地。

114 黄臀鹎 *Pycnonotus xanthorrhous* 鹎科 Pycnonotidae

形态特征： 额、头顶和枕黑色，微具光泽；近下嘴基部具一小红点；眼先、颊和眼下黑色；耳羽浅棕白色。上体肩、背、腰和尾上覆羽棕褐色，尾暗褐色，外侧尾羽端缘棕白色；翅暗褐色，飞羽外翈缘棕灰色，翅上覆羽与体羽同色。颏、喉和前颈纯白色，喉侧具一条不显的黑髭纹，上胸两侧褐色，向中央延伸逐渐变浅。形成环带；腹部污白色；胁和翅下覆羽浅烟褐色；尾下覆羽深黄色。

生态型： 鸣禽。

居留型： 留鸟。

生境与分布： 见于建德各地；生于山地丘陵森林、溪流旁灌木林、山坡果园、村边树林等；省内分布于全省各地山区。

115 领雀嘴鹎 *Spizixos semitorques* 鹎科 Pycnonotidae

形态特征：额、头、枕黑色，额基近鼻孔处具一白斑；眼先、颊和耳羽均黑色，杂以白色细纹。上体背、肩、腰呈暗橄榄绿色，具光泽，羽基灰色，尾上覆羽与上体羽略同，但色淡而鲜；尾羽橄榄黄色，具宽黑褐色羽端。翅上覆羽与上体羽色同；初级和次级飞羽黑褐色，外翈橄榄绿色；颏、喉、咽黑色。下体胸、胁橄榄绿色，至腹部和尾下覆羽转为鲜黄色。

生态型：鸣禽。

居留型：留鸟。

生境与分布：见于建德各地；生于山地丘陵和平原地区；省内分布于全省各地。

116 橙腹叶鹎 *Chloropsis hardwickii* 叶鹎科 Chloropseidae

形态特征： 额基、眼先、耳羽、须和喉均黑色，自嘴基至喉侧有两条钴蓝色粗短的髭纹。额、头顶及枕部蓝绿色，后颈黄绿色。上体绿色，两翅黑褐色，小覆羽亮蓝色，其余覆羽及初级飞羽的外缘蓝紫色。尾羽黑褐色，并染以紫色。胸紫黑色，下体余部橙黄色，两胁微绿色。

生态型： 鸣禽。

居留型： 留鸟。

生境与分布： 见于建德各地；生于丘陵山地森林内；省内分布于杭州、宁波、温州、绍兴、金华、衢州、台州、丽水等地。

117 棕背伯劳 *Lanius schach*

伯劳科 Laniidae

形态特征： 额、眼先、耳羽均黑；头顶至上背灰色，上背稍沾棕，下背、肩、腰和尾上覆羽棕色；尾羽黑色，外侧尾羽缘以棕色；翅上覆羽黑色，飞羽黑色，内侧飞羽具淡棕缘，初级飞羽基部具棕白色块斑。颈侧、颏、喉白色；胸和腹棕白色；两胁和尾下覆羽棕色较深。

生态型： 鸣禽。

居留型： 留鸟。

生境与分布： 见于建德各地；生于平原丘陵地带；省内分布于全省各地。

118 发冠卷尾 *Dicrurus hottentottus* 卷尾科 Dicruridae

形态特征：通体绒黑色，并具蓝绿色金属光泽。前额有一束发状冠羽，长者可达100毫米以上，向后卷曲而下垂于背上。背及尾上覆羽纯黑色。翅上覆羽与飞羽均黑色，飞羽外缘具蓝绿色光泽。尾呈叉状，最外侧一对尾羽末端向内上方卷曲。下体纯黑色。虹膜暗褐色，嘴和脚均黑色。

生态型：鸣禽。

居留型：夏候鸟。

生境与分布：见于建德各地；生于山区丘陵地带森林内；省内分布于全省各地。

119 灰卷尾 *Dicrurus leucophaeus*

卷尾科 Dicruridae

形态特征：通体灰色。鼻羽与前额黑色；眼周围、颊部和耳羽为纯白色，并延伸至颈侧，形成一椭圆形白斑。头顶和上背灰色较深，背余部较浅。初级飞羽的近末端和最外侧一对尾羽的外缘均为浅黑色。颏部浅灰黑色，胸部灰色，腹及尾下覆羽灰白色。

生态型：鸣禽。

居留型：夏候鸟。

生境与分布：见于建德各地；生于平原、丘陵和山地；省内分布于全省各地。

120 八哥 *Acridotheres cristatellus* 椋鸟科 Sturnidae

形态特征：通体黑色。额羽耸立且倾于嘴端，其后至枕部羽毛细长而尖，具紫蓝色光泽。上体带褐色，光泽不如头部辉亮。初级飞羽具宽阔的白斑，初级覆羽的羽端亦白色。除中央1对尾羽外，其余都具灰白色羽端。下体略带灰褐色，尾下覆羽亦具灰白色羽端。

生态型：鸣禽。

居留型：留鸟。

生境与分布：见于建德各地；生于村庄及附近树上、房顶；省内分布于全省各地。

121 灰椋鸟 *Spodiopsar cineraceus* 椋鸟科 Sturnidae

形态特征：头顶及后颈黑色，羽呈矛状，基部灰色。前额杂以白色羽，眼先、颊和耳羽白色。肩羽、翼上覆羽、背、腰等褐灰色，尾上覆羽白色。翼上覆羽及次级和三级飞羽具金属反光，初级飞羽和尾羽黑褐色，后者具金属反光。除中央1对尾羽之外，其余内翈具羽端白斑。喉及前胸淡灰褐色，具黄白色羽干细纹。胸和腹侧暗灰褐色，腹中部及尾下覆羽白色。

生态型：鸣禽。

居留型：冬候鸟。

生境与分布：见于建德各地；生于近山矮林、村庄附近、农田等；省内分布于全省各地。

122 丝光椋鸟 *Spodiopsar sericeus*

椋鸟科 Sturnidae

形态特征：头部背面及两侧暗灰色，羽长而尖狭。肩羽和上体银灰，腰及尾上覆羽灰色较浅。翼和尾羽黑色，具蓝绿色光泽。初级飞羽基部有白斑，初级覆羽大多白色。颏、喉灰白色，前胸暗灰色，呈横带状。后胸当中褐灰色；两侧灰色。腹及尾下覆羽白色。

生态型：鸣禽。

居留型：留鸟。

生境与分布：见于建德各地；生于平原和丘陵地区；省内分布于全省各地。

123 白颈鸦 *Corvus pectoralis* 鸦科 Corvidae

形态特征：后颈、颈侧、上背白色，此色向下延伸至胸部，形成白色的胸环，少数羽毛带有黑色羽轴；通体余部均为纯黑色。上体带有紫蓝色反光，翅和尾羽具铜绿色光泽。下体不如上体辉亮。虹膜褐色；嘴、脚、爪均黑色。

生态型：鸣禽。

居留型：留鸟。

生境与分布：见于建德各地；生于平原和丘陵山地；省内分布于全省各地。

124 喜鹊 *Pica serica* 鸦科 Corvidae

形态特征：额、头顶、颈、背部中间、尾上覆羽均黑色，后头及后颈稍映紫辉，背部稍沾蓝绿色；腰部有一灰白斑块；尾羽黑色而带金属绿色光泽，末端有红紫色和深蓝绿色的辉光宽带。肩羽白色，初级飞羽外翈及羽端黑色而具金属蓝绿色辉光，内翈除先端，均为白色；次级飞羽均为黑色，外翈缘具深蓝色和蓝绿色的亮辉。颏、喉、胸、下腹黑色，喉部羽干灰白色；上腹、两胁纯白色，尾下覆羽黑色。

生态型：鸣禽。

居留型：留鸟。

生境与分布：见于建德各地；生于山区、丘陵和平原；省内分布于全省各地。

125 红嘴蓝鹊 *Urocissa erythrorryncha* 鸦科 Corvidae

形态特征：头顶、额、后颈、颈侧、耳羽、眼先、颊部均黑色；从头顶至后颈具灰青色羽端，这些羽端向后逐渐扩大，形成块斑，直达上背中部。背、腰、肩紫蓝灰色，尾上覆羽淡紫蓝色而具宽阔的黑色端斑；中央尾羽蓝灰色，有一宽阔白端斑，外侧尾羽具黑色次端斑；两翼暗褐色，表面紫蓝色，外翈先端白，内侧次级飞羽的内外翈均具白色羽端。颏、喉、胸黑色，下体余部白色，沾蓝色，居下覆羽白色。

生态型：鸣禽。

居留型：留鸟。

生境与分布：见于建德各地；生于山区丘陵地带；省内分布于全省丘陵山地。

126 褐河乌 *Cinclus pallasii*

河乌科 Cinclidae

形态特征：通体咖啡褐色，上体羽缘沾棕色，尾羽及飞羽黑褐色，部分眼圈呈白色。虹膜褐色；嘴黑色、脚铅灰色。

生态型：鸣禽。

居留型：留鸟。

生境与分布：见于建德各地；生于山涧溪流中；省内分布于全省各地。

127 鹊鸲 *Copsychus saularis* 鹟科 Muscicapidae

形态特征：上体自额至尾上覆羽均呈蓝黑色，具金属光泽；中央两对尾羽亮黑色，外侧第4对尾羽内翈缘黑色，其余尾羽白色。两翅飞羽和覆羽大都为黑褐色，自翼角的小覆羽向后至居中的次级飞羽的外缘，呈一道宽阔的白斑，飞行时尤其明显。下体颏、喉、胸蓝黑色，腹和尾下覆羽纯白色，两胁略沾灰色；腋下、翅下覆羽白色，缀以灰褐色斑。

生态型：鸣禽。

居留型：留鸟。

生境与分布：见于建德各地；生于丘陵地带及平原村庄城镇周边；省内分布于全省各地。

128 白额燕尾 *Enicurus leschenaulti* 鹟科 Muscicapidae

形态特征： 额、头顶前部白色；头顶后部至背黑色，具光泽；肩与背色同，羽端白色，在两翅形成横斑；腰、尾上覆羽白色。外侧两对尾羽白色，其余尾羽黑色，基部和羽端白色，由外向中央渐次变短、呈叉形尾。初级飞羽黑褐色；次级飞羽黑色、端缘白色；飞羽的基部亦均呈白色，翅上覆羽黑色，大覆羽端缘白色。眼先、头侧、颊、喉和胸均呈黑色；腹、尾下覆羽、胁白色；翅下覆羽、腋黑色。雌雄形态特征相似，仅雌鸟头顶黑色略浅。

生态型： 鸣禽。

居留型： 留鸟。

生境与分布： 见于建德各地；生于丘陵山区的溪流附近；省内分布于全省山地。

129 小燕尾 *Enicurus scouleri* 鹟科 Muscicapidae

形态特征：额、头顶前部白色；头顶后部、颈和上体肩、背、翅上覆羽均黑色；腰、尾上覆羽白色。中央尾羽黑色，基部白色；最外侧一对尾羽白色。翅黑褐色；大覆羽端部和飞羽基部形成白色斑块，飞羽外翈缘白色。颏、喉和上胸黑色；下体余部白色；胁黑褐色。

生态型：鸣禽。

居留型：留鸟。

生境与分布：见于建德各地；生于山区溪流附近；省内分布于全省山区。

130 紫啸鸫 *Myophonus caeruleus*

鹟科 Muscicapidae

形态特征： 前额基部、颊和眼先黑色，上下体均呈深紫蓝色，各羽先端均具闪艳的淡紫色滴状斑，在腹部的斑最大，肩、背次之，头颈和颈侧处最小。尾羽纯深紫蓝色，内翈缘转黑褐色。飞羽黑褐色，除第1枚初级飞羽外，外翈缘均呈深紫蓝色，翅上覆羽黑褐色，外翈缘映紫蓝色光泽；中覆羽先端缀以紫白色点斑。下腹、尾下覆羽及胁均呈黑色。

生态型： 鸣禽。

居留型： 留鸟。

生境与分布： 见于建德各地；生于多岩石的山区溪流附近；省内分布于全省山区。

131 北红尾鸲 *Phoenicurus auroreus* 鹟科 Muscicapidae

形态特征：额、头顶，后颈，和上背呈淡石板灰色，下背黑色，腰和尾上覆羽橙棕色，中央一对尾羽黑褐色，其余尾羽橙棕色，最外侧一对外翈缘暗褐色。翅的内侧覆羽和飞羽黑色；外侧覆羽和飞羽暗褐色，次级飞羽的基部横贯以白色块斑。前额基部、颈侧、颏、喉和上胸均黑色；胸、胁至尾下覆羽橙棕色，腹中央稍浅。

生态型：鸣禽。

居留型：冬候鸟。

生境与分布：见于建德各地；生于山区丘陵及平原地带；省内分布于全省各地。

132 红尾水鸲 *Phoenicurus fuliginosus* 鹟科 Muscicapidae

形态特征： 额、眼先蓝黑色；其余上体大都为铅灰蓝色。下体较上体为淡；尾羽、尾上下覆羽均呈栗红色，尾羽具黑色端斑。飞羽淡黑褐色，外翈缘为铅蓝色，三级飞羽和大覆羽具白色端斑。

生态型： 鸣禽。

居留型： 留鸟。

生境与分布： 见于建德各地；生于山地丘陵溪流边和江河岩石间；省内分布于全省各地。

133 东亚石䳭 *Saxicola stejnegeri* 鹟科 Muscicapidae

形态特征： 上体自额至下背黑色，腰转为白色，肩、背侧羽缘杂以棕色；尾上覆羽白色，羽端略沾棕栗色，尾羽黑色，羽端棕灰色。飞羽黑褐色；初级飞羽外翈缘及羽端缘棕白色；内侧次级飞羽和三级飞羽基部白色，与白色内侧覆羽共同形成白色翼斑；外侧覆羽黑色，具棕白色羽端。下体翈、喉和头侧黑色；上胸两侧和颈侧白色，形成半领状，胸棕栗色；腹部转为棕色和棕白色；胁和翅下覆羽黑色。

生态型： 鸣禽。

居留型： 旅鸟。

生境与分布： 见于建德各地；生于低山丘陵和平原地区；省内分布于全省各地。

134 红胁蓝尾鸲 *Tarsiger cyanurus* 鹟科 Muscicapidae

形态特征： 额、头、前颈和肩、背皆呈灰蓝色，腰和尾上覆羽辉蓝色；尾羽灰褐色、中央尾羽周缘和外侧尾羽外翈缘呈灰蓝色。眼先、颊和耳羽乌褐色；眉纹自额基起往后呈棕白色。飞羽灰褐色、外翈缘淡棕褐色；小覆羽和初级覆羽辉蓝色。颏、喉和前颈、胸棕白色；腹和尾下覆羽纯白色；胸两侧灰蓝色；胁橙栗色。

生态型： 鸣禽。

居留型： 冬候鸟。

生境与分布： 见于建德各地；生于山地丘陵和平原地区；省内分布于全省各地。

135 斑鸫 *Turdus eunomus*

鸫科 Turdidae

形态特征： 额、头顶、后颈和耳羽均呈灰褐色，具黑褐色羽干纹，眉纹棕白；眼先，颊黑褐色。上体肩、背棕灰褐色，羽中央具栗红色斑；腰和尾上覆羽栗褐色，羽缘灰褐色；中央尾羽棕灰色。羽基缘棕红色；最外侧尾羽几乎全呈棕红色，其余尾羽内翈大部棕红色，外翈缘灰褐色；飞羽黑褐色，外翈缘淡棕色，内翈缘基段呈淡棕栗色。翅上覆羽与飞羽同黑褐色，外翈缘淡棕色。颏、喉棕白，具黑斑，喉侧尤密。胸、胁和尾下覆羽栗红色，羽缘白色；腹部污白色，翅下覆羽，腋羽棕红色。

生态型： 鸣禽。

居留型： 冬候鸟。

生境与分布： 见于建德各地；常生于城镇、村庄和农田等附近；省内分布于全省各地。

136 乌鸫 *Turdus mandarinus*

鸫科 Turdidae

形态特征：雄鸟上体羽包括两翅和尾均呈黑色，下体黑褐色。颏、喉羽缘棕褐色。虹膜褐色；嘴黄；脚黑褐色。雌鸟羽色与雄鸟相似，但色浅、呈黑褐色，下体羽灰黑褐色。颏、喉浅栗褐色，杂以黑褐色纵纹。

生态型：鸣禽。

居留型：留鸟。

生境与分布：见于建德各地；生于平原、丘陵和低山地带；省内分布于全省各地。

137 白腹鸫 *Turdus pallidus* 鸫科 Turdidae

形态特征： 额、头顶和枕部灰褐色；眼先黑色；眉纹和眼下白色，耳羽灰褐色，具白色羽干纹。上体肩、背至尾上覆羽包括翅上覆羽呈橄榄褐色。尾羽黑褐色，外翈缘略染橄榄褐色；初级覆羽和飞羽内翈黑褐色，外翈橄榄褐色；颏乳白色，羽干末端延伸成黑须状。喉、前颈灰褐色；胸和胁橙棕色；腹中央和尾下覆羽白色；腋羽和翅下覆羽灰色。雌雄基本相似。

生态型： 鸣禽。

居留型： 冬候鸟。

生境与分布： 见于建德各地；生于山区丘陵或平原林地内；省内分布于全省各地。

138 怀氏虎斑地鸫 *Zoothera aurea* 鸫科 Turdidae

形态特征：上体自额至尾上覆羽均呈橄榄褐色，各羽之羽轴棕白色，羽端缘黑色，次端浅棕色；飞羽黑褐色，外翈缘橄榄色，第2枚初级飞羽始内翈基段棕白色，翅上覆羽和次级飞羽色同，各羽端缘均白色。中央尾羽橄榄褐色，外侧尾羽逐渐转为黑色，端缘白色。颏、喉、胸棕白色，腹部和尾下覆羽白色，各羽均具黑色端斑，次端淡棕色；翅下覆羽黑褐色，腋白色。雌雄色同。

生态型：鸣禽。

居留型：冬候鸟。

生境与分布：见于建德各地；生于山区丘陵和平原地带丛林中；省内分布于全省各地。

139 淡眉雀鹛 *Alcippe hueti* 噪鹛科 Leiothrichidae

形态特征：额、头顶、后颈、上背褐灰色；眼先灰白，眼周具近白色眼圈；头侧的褐灰色较头顶稍淡。下背棕褐色，至腰和尾上覆羽转茶黄褐色，尾羽与尾上覆羽同色，但色较暗；飞羽内翈暗褐色，外翈棕褐色。颏和喉淡灰色，胸浅皮黄色；腹两胁和尾下覆羽皮黄带橄榄色，腹部中央白色。

生态型：鸣禽。

居留型：留鸟。

生境与分布：见于建德各地；生于山区丘陵地带；省内分布于全省丘陵山地。

140 画眉 *Garrulax canorus* 噪鹛科 Leiothrichidae

形态特征：额棕色，头顶、后颈和上背棕褐色，具有较宽阔的黑褐色轴纹；眼圈白色，此色由眼的上缘向后延伸至颈侧，非常鲜明；耳羽、眼先暗棕色。下背棕橄榄褐色，尾上覆羽色稍淡，均不具黑色纵纹。翅上覆羽和内侧飞羽与背同色，初级飞羽的外翈稍缀以棕色，内翈基部具宽阔的棕缘；尾羽浓褐色，并具黑色横斑，羽端暗褐色。颏、喉、上胸棕黄色，缀以暗褐色轴纹，腹部中央灰色，两胁棕褐色，尾下覆羽棕黄色。

生态型：鸣禽。

居留型：留鸟。

保护等级：国家二级。

生境与分布：见于建德各地；生于山区丘陵地带；省内分布于全省丘陵山地。

141 黑脸噪鹛 *Pterorhinus perspicillatus* 噪鹛科 Leiothrichidae

形态特征：黑脸噪鹛前额、眼先、眼周、头侧和耳羽黑色，头顶至后颈褐灰色。背暗灰褐色至尾上覆羽转为土褐色。尾羽暗棕褐色，外侧尾羽先端黑褐色，有时仅中央一对尾羽深褐色，外侧尾羽栗褐色，端部具黑色横斑，越往外侧尾羽，端部黑色横斑越融合为一块黑色端斑。翼上覆羽和最内侧飞羽与背同色，其余飞羽褐色，外翈羽缘黄褐色。颏、喉至上胸褐灰色，下胸和腹棕白色或灰白色沾棕色，两胁棕白色沾灰色，尾下覆羽棕黄色，腋羽和翼下覆羽浅黄褐色。

生态型：鸣禽。

居留型：留鸟。

生境与分布：见于建德各地；生于山区丘陵及林缘田地；省内分布于全省丘陵山地。

142 白颊噪鹛 *Pterorhinus sannio* 噪鹛科 Leiothrichidae

形态特征：头顶栗褐色，前额、颧纹及耳羽上部更暗浓，眼后至耳羽褐黑，眉纹白色；眼先及颊均白而带些棕色，后颈、颈侧棕褐色。背、腰橄榄褐色，尾上覆羽棕褐色，尾深棕色。两翅表面橄榄褐色，初级飞羽的外翈变淡而沾棕色。颏、喉和上胸均棕褐色，下胸及腹浅棕黄色，两胁沾橄榄褐；尾下覆羽辉棕色。

生态型：鸣禽。

居留型：留鸟。

生境与分布：见于建德各地；生于山区丘陵及河边灌草丛；省内分布于全省丘陵山地。

143 红嘴相思鸟 *Leiothrix lutea*

噪鹛科 Leiothrichidae

形态特征： 额、头顶、后颈均为带黄的橄榄绿色，后颈黄色稍淡；眼先和眼圈黄白色，颧纹暗橄榄绿色；耳羽浅灰色，颊部微黑。上体大都暗灰绿色，尾上覆羽较暗，最长的尾上覆羽具白色狭端；尾羽暗灰橄桃绿、呈叉状，羽端和近端的外侧羽片概亮蓝黑色；飞羽暗褐色，向内转为黑褐色，初级飞羽外翈黄色，从第3枚起羽基约1/3部分朱红色，构成鲜明的翼斑；次级飞羽的外翈基部橄榄灰色，第1到第4或第5枚中段边缘橙黄色，端部约占羽长2/3的边缘黑色。须和上喉鲜黄色；下喉和胸部深橙黄色；腹部灰白色，两胁浅黄灰色；尾下覆羽浅黄色。

生态型： 鸣禽。

居留型： 留鸟。

保护等级： 国家二级。

生境与分布： 见于建德各地；生于山区丘陵地带森林内；省内分布于全省丘陵山地。

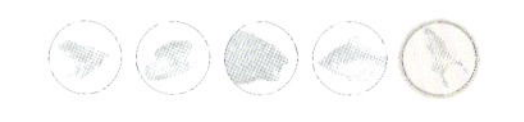

144 灰头鸦雀 *Psittiparus gularis*

鸦雀科 Paradoxornithidae

形态特征： 前额黑色，头顶、枕部深灰色，眼先灰白色；耳羽、颈侧灰色，眼具白眶；眉纹黑色，长而宽阔，自前额向后直伸至颈侧；颊部白色。上体包括两翅及尾的表面均棕褐色，飞羽的内翈暗褐色。颜灰白色，喉中央黑色，下体白色。

生态型： 鸣禽。

居留型： 留鸟。

生境与分布： 见于建德各地；生于山区丘陵森林及灌草丛；省内分布于全省丘陵山地。

145 棕头鸦雀 *Sinosuthora webbiana* 鸦雀科 Paradoxornithidae

形态特征： 额、头顶、颈及上背红棕色，头侧稍淡，上背以下为橄榄褐色；两翅暗褐色，各羽外缘大都以栗棕色；尾亦暗褐色。颏、喉和上胸为玫瑰棕色；各羽具色更浓的羽干纹，腹部中央皮黄色；两胁及尾下覆羽淡橄榄褐色。

生态型： 鸣禽。

居留型： 留鸟。

生境与分布： 见于建德各地；生于山区丘陵及林缘田地；省内分布于全省丘陵山地。

146 红头穗鹛 *Cyanoderma ruficeps* 林鹛科 Timaliidae

形态特征：额和眼先均辉黄色。头顶棕红色，枕部转呈橄榄褐色；背、腰、尾上覆羽纯淡橄榄褐色，渲染以绿色，尾上覆羽较背部稍浅，翅和尾均浅黑褐色,飞羽外侧羽片淡茶黄色。头侧淡黄绿色，眼圈近黄，眼先各羽延长若须，黑色。颏、喉、胸和腹均淡黄色沾绿色，颏和喉稍杂以近黑色的羽干纹。两胁和尾下覆羽转淡橄榄褐色。

生态型：鸣禽。

居留型：留鸟。

生境与分布：见于建德各地；生于山区丘陵森林内；省内分布于全省丘陵山地。

147 栗颈凤鹛 *Staphida torqueola* 绣眼鸟科 Zosteropidae

形态特征： 前额、头顶、眼先灰色，头顶羽毛向后延长成羽冠，头顶和额部各羽具棕褐色羽干纹；耳羽、枕部和颈部栗色，有白色羽干纹；背部、腰部及尾上覆羽橄榄灰色，亦具有白色羽干纹；尾羽黑褐色，外侧尾羽有明显白端，并向外渐大；翅上覆羽灰褐色，初级飞羽和次级飞羽外缘浅灰褐色。颏、喉、胸至尾下覆羽灰白色，两胁灰色稍沾褐色。

生态型： 鸣禽。

居留型： 留鸟。

生境与分布： 见于新安江、洋溪、乾潭、梅城、下涯、三都、寿昌、航头、大慈岩、大同、李家等地；生于丘陵山地森林内；省内分布于全省各地山区。

148 棕脸鹟莺 *Abroscopus albogularis* 树莺科 Scotocercidae

形态特征：前额、眼周、颊部及颈侧为栗棕色，头顶褐绿色，头顶两侧各具一条黑色纹，伸达后颈。上体橄榄绿色，腰淡黄白色。翼褐色，各羽外缘为黄绿色。尾褐棕色，外缘亦为黄绿色。颏黄色，喉及前胸黄白色，布满黑褐色纵形短纹；下胸及尾下覆羽黄白色沾绿色；腹部污白色；胁羽黄绿色。

生态型：鸣禽。

居留型：留鸟。

生境与分布：见于建德各地；生于丘陵山区森林中；省内分布于全省各地山区。

149 东方大苇莺 *Acrocephalus orientalis* 苇莺科 Acrocephalidae

形态特征： 上体棕褐色，头顶色泽较深；眉纹淡黄色；头侧淡棕褐色。尾羽淡褐色，具淡棕色狭边。翼羽暗褐色，亦具淡棕色边缘。颏、喉及胸部为黄白色；胸部有少许灰褐色纵纹；腹部中央乳白色；尾下覆羽棕白色；两胁淡棕色。
生态型： 鸣禽。
居留型： 夏候鸟。
生境与分布： 见于新安江、乾潭、梅城、杨村桥、下涯、大洋、三都、寿昌等地；生于各水域附近的芦苇丛中；省内分布于全省各地。

150 强脚树莺 *Horornis fortipes* 树莺科 Scotocercidae

形态特征：上体呈橄榄褐色，向后逐渐转淡；腰及尾上覆羽暗棕褐色；眉纹淡黄、狭细而不显，眼周淡黄色。飞羽与尾羽暗褐色。飞羽外侧与背同色，内侧边缘白色。颏、喉和腹部中央白色，但稍沾灰，胸腹侧及上胁灰褐，向下胁和尾下覆羽转为黄褐色。

生态型：鸣禽。

居留型：留鸟。

生境与分布：见于建德各地；生于乔木林和灌草丛中；省内分布于全省各地。

151 黄眉柳莺 *Phylloscopus inornatus* 柳莺科 Phylloscopidae

形态特征：上体为橄榄绿色，头部色较深，头顶中央贯以一条不甚明显的黄绿色纵纹；眉纹淡黄色；有一条暗褐色贯眼纹，延伸至枕部。尾褐色，各羽外缘有橄榄绿色狭边，内缘灰白色。飞羽亦为褐色，外缘黄绿色。大覆羽先端淡黄白色，形成翼上的两道横斑。下体白色，胸、胁和尾下覆羽稍带黄绿色。

生态型：鸣禽。

居留型：冬候鸟。

生境与分布：见于建德各地；生于阔叶林或针阔混交林中；省内分布于全省各地。

152 黄腰柳莺 *Phylloscopus proregulus* 柳莺科 Phylloscopidae

形态特征：上体概为橄榄绿色，头部较深；前额稍呈黄绿色，头顶中央有一条不甚明显的黄绿色纵纹；眉纹黄绿，褐色贯眼纹向后延伸。腰羽黄色，形成宽阔的横带。尾羽褐色，外缘黄绿色。飞羽褐色，外缘亦为黄绿色。中覆羽和大覆羽先端淡黄绿色，形成翼上两道横斑。下体污白色，稍沾黄绿色。

生态型：鸣禽。

居留型：冬候鸟。

生境与分布：见于建德各地；生于阔叶林或针阔混交林中；省内分布于全省各地。

153 纯色山鹪莺 *Prinia inornata* 扇尾莺科 Cisticolidae

形态特征：前额棕褐色，自额至上背深栗褐色，各羽缘以棕灰色，形成褐色纵纹状。自背之后纵纹不显，呈纯棕褐色。翼羽暗褐色，外缘棕褐色。尾羽深棕褐色，除中央一对外，其余尾羽的先端均为淡棕色。头侧淡棕色并杂以褐色纵纹。下体灰棕色，颏、喉及胸部有淡褐色斑纹；两胁及尾下覆羽浅棕色。

生态型：鸣禽。

居留型：留鸟。

生境与分布：见于建德各地；生于丘陵或平原地带的村落附近；省内分布于全省各地。

154 铜蓝鹟 *Eumyias thalassinus* 鹟科 Muscicapidae

形态特征：雄鸟额基两侧、眼先、眼下乌黑；上下体表面为一致的铜蓝色；尾羽和飞羽上表面深蓝色；飞羽和翼上覆羽内翈及尾、飞羽的下表面概为褐黑色；尾下覆羽末端灰白色。雌鸟眼先暗灰色，上体暗铜绿色，下体暗灰绿色。

生态型：鸣禽。

居留型：冬候鸟。

生境与分布：见于乾潭、李家等地；生于山地林间或林缘耕作区；省内分布于杭州以南。

155 北灰鹟 *Muscicapa dauurica* 鹟科 Muscicapidae

形态特征：上体概灰色，头顶各羽中央缀以灰黑色，额基部灰褐色；眼先微白色，眼周白色，尾羽和翅黑褐色，大覆羽和三级飞羽缘以浅黄褐色；飞羽内翈缘浅黄白色。颏、喉、腹及尾下覆羽白色，胸部有灰色横带，胁羽苍灰色。

生态型：鸣禽。

居留型：旅鸟。

生境与分布：见于建德各地；生于山地或河谷丛林中；省内分布于全省各地。

156 乌鹟 *Muscicapa sibirica*

鹟科 Muscicapidae

形态特征：上体自头顶至尾上覆羽概暗灰褐色，头顶有不甚明显的羽干纹；眼先和眼周淡褐色。尾羽黑褐色；飞羽与尾羽同色，初级飞羽内缘棕褐色，内侧飞羽缘以窄的淡褐色边，大覆羽和三级飞羽有宽的淡棕白色边。颏、喉浅乌褐色，喉中央灰白色；胸、胁灰褐色，渲染灰白色纹；腋和翼下覆羽为浅棕褐色；尾下覆羽灰白色。

生态型：鸣禽。

居留型：旅鸟。

生境与分布：见于新安江、洋溪、莲花、乾潭、梅城、杨村桥、下涯、三都、寿昌、大慈岩、大同、李家等地；生于丘陵山地或河谷树丛间；省内分布于全省各地。

157 寿带 *Terpsiphone incei* 王鹟科 Monarchidae

形态特征：中央尾羽延至特别长，呈飘带状，一般非老龄鸟的羽色呈栗色，老龄鸟呈白色。雄鸟（栗色型）：头部，颈概蓝黑色，具金属光泽；羽冠明显，眼圈钴蓝色，上体包括背、腰及尾上覆羽概呈带紫的深栗红色。尾羽与上体色相近，雄鸟繁殖羽的中央尾羽延至特别长，羽干黑褐色。飞羽黑褐色，外翈缘以栗红色边，最内侧的次级飞羽栗红色，飞羽末端呈黑褐色。下体胸、胁苍灰色，之后渐淡，腹、尾下覆羽灰白色。雌鸟（夏羽）：体色与栗色型相似，但羽冠簇起不很明显，中央尾羽不特别延长，上体概为栗褐色，无金属光泽。颏、喉灰黑色，略具蓝黑金属光泽；有些标本尾下覆羽沾浅棕色。

生态型：鸣禽。

居留型：夏候鸟。

生境与分布：见于新安江、乾潭、梅城、下涯、寿昌等地；生于丘陵山区和平原树林间；省内分布于全省各地。

158 红头长尾山雀 *Aegithalos concinnus* 长尾山雀科 Aegithalidae

形态特征： 上体自额至后颈呈栗红色；背至尾上覆羽呈暗蓝灰，腰具浅栗红色羽端；尾羽黑褐而缘以狭细的蓝灰色边，其外侧3对的羽端具楔形白斑，最外侧1对的外翈白色。眼先、耳羽和颈侧黑色；翼上覆羽除初级覆羽黑褐色外，均呈蓝灰色，飞羽褐色，除外侧两枚外，外翈概缘以蓝灰色；内侧次级飞羽的内缘白色而微沾玫瑰红色。喉具黑色块斑，外周围以白环；胸部有一栗红色胸带，两胁及尾下覆羽同色；胸腹中央白色；腋羽和翅下覆羽均白。

生态型： 鸣禽。

居留型： 留鸟。

生境与分布： 见于建德各地；生于丘陵、山地和平原地带；省内分布于全省各地。

159 大山雀 *Parus minor* 山雀科 Paridae

形态特征：额、眼先、头顶、枕部均为辉蓝黑色；耳羽、颊和颈侧白色，呈一显著白斑，后颈两侧的黑纹与颏、喉、前胸的黑色相连。后颈与上背间隔以一狭形白色横带；上背呈黄绿色，下背至尾上覆羽蓝灰色。中央尾羽蓝灰色，羽干辉黑色；最外侧尾羽白色，内翈除羽端外，缘以黑褐色边；其余尾羽蓝灰色，内翈为黑色；第5对羽端具楔形白斑。飞羽黑褐色，初级飞羽的外翈除最外侧两枚外，均为蓝灰色而向羽端转为灰白色羽缘；次级飞羽外翈具灰白色宽缘；覆羽黑褐色，外翈羽缘蓝灰色；大覆羽具宽阔的灰白色羽端，相并成一道显著横斑。颏、喉及前胸黑色，略具金属光泽。腹部白色，前胸至尾下覆羽贯以一显著的黑色宽纵纹。尾下覆羽具三角形黑斑。

生态型：鸣禽。

居留型：留鸟。

生境与分布：见于建德各地；生于丘陵、山地和平原地带；省内分布于全省各地。

160 暗绿绣眼鸟 *Zosterops simplex* 绣眼鸟科 Zosteropidae

形态特征：前额乳黄色，头顶及上体背羽、两翅内侧覆羽概暗黄绿色；尾上覆羽草绿色；脸颊和耳羽黄绿色；眼周缀以白色羽圈，故名“绣眼”；自眼先沿眼下方有一黑褐色细纹。尾羽暗褐色，外侧羽片具草绿色羽缘。飞羽黑褐色，外侧覆羽暗褐色；初级飞羽和三级飞羽及外侧大覆羽均有暗绿色羽缘。下体颏、喉部及上胸呈柠檬黄色；下胸及两胁苍灰色；腹部中央近白色；尾下覆羽浅柠檬黄色，翼下覆羽和腋羽白色，后者微沾淡黄色。

生态型：鸣禽。

居留型：留鸟。

生境与分布：见于建德各地；生于丘陵、山地和平原树林中；省内分布于全省各地。

161 斑文鸟 *Lonchura punctulata* 梅花雀科 Estrildidae

形态特征：上体自额至背及肩羽大都栗褐色，额及头顶沾暗绿褐色，羽干纹近白色，并微缀以若干稍暗的横斑；腰灰褐色，羽端白色沾绿色。尾上覆羽及中央尾羽呈沾绿色的黄褐色，并具金黄色羽缘；外侧尾羽暗褐色而羽缘较淡。翼上覆羽及三级飞羽与背色相似，其余飞羽黑褐色而外翈羽缘辉栗褐色。头侧以颏、喉呈浓栗褐色，前者稍淡；下体余部大都近白色，除下腹中央纯色外，各羽均具鳞状斑，此斑在上腹前及其两侧呈栗褐色，余为黑褐色，但尾下覆羽的斑纹不显。

生态型：鸣禽。

居留型：留鸟。

生境与分布：见于建德各地；生于平原、山脚、山谷及村落附近；省内分布于全省各地。

162 白腰文鸟 *Lonchura striata* 梅花雀科 Estrildidae

形态特征：上体自头顶至背及肩羽呈暗砂褐色而具白色羽干纹，头顶沾黑褐色；腰白色，其后至尾上覆羽转栗褐色并杂以黄白色羽干纹，羽缘较淡；尾浓黑色，中央尾羽延长，其先端呈楔形。两翼黑褐色，内侧覆羽和飞羽缀以白色沾棕栗色的羽干纹。额、眼周、嘴基及颏、喉黑褐色；耳羽、颈侧以至上胸栗色，各羽缀以浅栗黄色羽干纹和端缘；下胸、腹及两胁灰白色，各羽微具暗色“U”形纹；肛周、尾下覆羽及覆腿羽栗褐色，并缀以近白色羽干纹，羽端较淡。

生态型：鸣禽。

居留型：留鸟。

生境与分布：见于建德各地；生于平原、丘陵及山脚的村落附近；省内分布于全省各地。

163 麻雀 *Passer montanus*

雀科 Passeridae

形态特征：额至后颈暗栗褐色，上背和肩棕褐色，并杂以显著的黑色纵纹；下背至尾上覆羽呈暗砂褐色；尾羽暗褐色，而羽缘近砂褐。翼上小覆羽淡栗色；翼上余羽大都呈黑褐色；中覆羽及大覆羽的黄白色羽端在翼上形成二道显著的横纹，后者的外翈还具棕褐色羽缘；飞羽亦具棕褐色羽缘，且外侧初级飞羽（除第1枚外）贯以二道棕白色至淡棕褐色横斑。眼先、眼下缘、颏、喉中部黑色；颊、耳羽及颈侧污白色，耳羽后部有一显著的黑色块斑；下体余部大都灰白色而微沾砂褐色，两胁羽色与腰相似，但较淡。

生态型：鸣禽。

居留型：留鸟。

生境与分布：见于建德各地；生于平原、丘陵和山地村落附近；省内分布于全省各地。

164 山麻雀 *Passer cinnamomeus* 雀科 Passeridae

形态特征：上体除尾部外概呈栗红色，上背内翈杂以黑纹、外翈具较宽阔的土黄色羽缘；尾上覆羽暗灰褐色；尾羽暗褐色，羽缘较淡，近羽干处稍黑。翼上小覆羽栗红色，翼上余羽大都黑褐色，并具棕白或栗黄色羽缘，覆羽及飞羽的表面还各贯以两道棕白或棕黄色横斑。眼先、颊及喉部中央均黑色，头、喉两侧淡灰白色而无黑斑，腹部中央灰白色；下体余部淡褐色。

生态型：鸣禽。

居留型：留鸟。

生境与分布：见于建德各地；生于山地、丘陵和山脚村落附近；省内分布于全省各地。

165 金翅雀 *Chloris sinica* 燕雀科 Fringillidae

形态特征：头顶至后颈灰褐色；额、眉纹和颊沾绿色；眼先及眼周黑褐色；耳羽绿灰色。背、肩羽及内侧覆羽栗褐色；腰羽绿黄色。尾上覆羽苍灰色。中央尾羽黑色，羽缘黑灰色，近部黄色；其余尾羽基部黄色，末端黑褐色。两翼大多黑色，贯以宽阔的黄色横带。飞羽的羽端白色；次级飞羽末端的外侧灰白色。小翼羽前的翼缘黄色。下颏灰绿色；胸及两胁栗黄色；腹白色，尾下覆羽鲜黄色。

生态型：鸣禽。

居留型：留鸟。

生境与分布：见于建德各地；生于平原、丘陵和山地；省内分布于全省各地。

166 黄胸鹀 *Emberiza aureola* 鹀科 Emberizidae

形态特征：前额、头侧及颏黑色；眉纹土黄色。头顶及上体红栗褐色，具棕灰色端缘。中覆羽白色沾污；大覆羽外翈栗褐，羽端灰白色，内翈黑褐色。初级飞羽暗褐色，具黄褐色外缘。次级飞羽黑褐色，外缘栗黄色。尾羽暗褐色，外侧2对具楔状白斑。下体前胸具红栗褐色横带，余部鲜黄色，向后渐淡，至尾下覆羽几为白色。两胁有棕褐色纵纹。

生态型：鸣禽。

居留型：旅鸟。

保护等级：国家一级。

生境与分布：见于乾潭、梅城、寿昌等地；生于丘陵、平原和河沟边灌草丛中，也发现于农田；省内分布于全省各地。

167 黄眉鹀 *Emberiza chrysophrys*

鹀科 Emberizidae

形态特征： 前额至枕部、两颊黑色；耳羽棕褐色，眉纹鲜黄色。头顶与枕部中间、眉纹后及颈侧具不规则白斑。上体棕褐色，背部沾栗红色，具黑褐色羽干纹，腰及尾上覆羽具棕灰色羽缘。翼黑褐色；中、大覆羽具黄白色羽端；初级飞羽外翈具黄白色细缘，次级飞羽的外缘棕白色，至三级飞羽呈淡棕色块状斑，黑褐色也较深。中央尾羽棕褐色，其余黑褐色；最外侧2对具白色楔状斑。下颏白色，具黑褐色羽端斑。胸腹部近白色，前胸沾棕黄色，具黑褐色羽干纹；后胸、两胁及腹侧具粗褐色纵纹。翼下覆羽及尾下覆羽均白色，后者具纤细的羽干纹。

生态型： 鸣禽。

居留型： 冬候鸟。

生境与分布： 见于建德各地；生于林间空地和山边田野；省内分布于全省各地。

168 黄喉鹀 *Emberiza elegans*

鹀科 Emberizidae

形态特征： 额、头顶黑褐色，羽端棕黄色。眉纹前白后黄，延至后颈。嘴基、眼先、颊、耳羽棕黑色。枕羽鲜黄色。背及肩羽暗栗褐色，具黑色羽干纹和棕灰色羽缘。腰羽棕灰色。小覆羽棕灰色，中覆羽黑褐色，羽端棕黄色；大覆羽亦以黑褐色为主，具较宽的黄褐色羽缘。飞羽黑褐色，初级飞羽的外翈淡皮黄色；内侧次级飞羽色较深，外翈具较宽的棕黄色羽缘。中央尾羽褐色，最外侧尾羽几纯白色；次1对具楔状白斑；其余尾羽黑色。上喉鲜黄色，羽缘沾黑，下喉与颈侧白色，羽缘沾黄，胸部具一半月形黑斑。下体余部概灰白色，两胁具栗色羽干纹。

生态型： 鸣禽。

居留型： 冬候鸟。

生境与分布： 见于建德各地；生于山地丘陵及平原的灌草丛中；省内分布于全省各地。

169 小鹀 *Emberiza pusilla*

鹀科 Emberizidae

形态特征：头顶具栗色粗冠纹，两侧黑色，羽缘沾棕；眉纹棕黄色，眼先及耳羽栗色。上体灰棕色，具黑褐色羽干纹。翼黑褐色，翼上覆羽和内侧飞羽具黄褐色外缘，初级飞羽具近白色细缘。尾羽黑褐色，外侧2对具白色楔状斑。颏、喉灰白色；胸及两胁灰白沾棕，具黑褐色纵纹；腹灰白色，尾下覆羽棕白色。

生态型：鸣禽。

居留型：冬候鸟。

生境与分布：见于建德各地；生于丘陵山麓及平原的灌草丛中；省内分布于全省各地。

170 灰头鹀 *Emberiza spodocephala*

鹀科 Emberizidae

形态特征： 嘴基、眼先近黑。其余头部、颈及胸部均橄榄绿灰。肩背棕褐色，具黑褐色羽干纹。腰及尾上覆羽橄榄褐色。初级飞羽黑褐色，外翈具黄白色狭缘；次级飞羽深黑褐色，外翈具较宽的淡棕羽缘。尾羽除最外侧2枚具白色楔状斑外，其余概黑褐且具淡棕色羽缘。腹及尾下覆羽灰黄色；两胁具棕褐色纵纹。

生态型： 鸣禽。

居留型： 冬候鸟。

生境与分布： 见于建德各地；生于灌草丛及田间；省内分布于全省各地。

171 燕雀 *Fringilla montifringilla*

燕雀科 Fringillidae

形态特征：头顶、头侧及上背亮黑色，头顶大多羽缘灰棕色。上背羽缘棕黄色。下背、腰和尾上覆羽白色。肩羽及小翼羽橙黄色；中覆羽白色；大覆羽黑色，具淡橙黄色羽缘。飞羽黑褐色，具黄白色狭缘，除外侧3枚飞羽外，其余飞羽的外翈在近羽基处有一块白斑。尾羽亦黑褐色，中央尾羽具灰白色端缘，外侧1对尾羽的外翈中段白色。额、喉及胸橙黄色。两胁黄白色，具黑斑。腹白色。尾下覆羽白沾橙黄色。

生态型：鸣禽。

居留型：冬候鸟。

生境与分布：见于建德各地；生于山地丘陵及平原的杂木林中；省内分布于全省各地。

172 棒花鱼 *Abbottina rivularis* 鲤科 Cyprinidae

形态特征：背部深黄褐色，至体侧逐渐转淡。腹部为淡黄色或乳白色。背部自背鳞起至尾基有5个黑色大斑。在体侧有7～8个黑色大斑。此外在整个背部，自头至尾不规则地散布有许多大小不一的黑点。在背鳍、胸鳍及尾鳍上，由小黑色斑点组成比较整齐的横纹数行。在生殖时期，体色转深，雄鱼更为明显。

生境与分布：见于建德各水系；生于江河、湖泊、池塘及沟渠中；省内分布于各大水系。

173 餐条 *Hemiculter leucisculus*

鲤科 Cyprinidae

形态特征：背部青灰色，侧面和腹面银白色。尾鳍边缘灰黑色。其余各鳍均为浅黄色。体长而侧扁。头、体背缘平直，腹缘弧形。头尖，呈三角形。为淡水中习见的小型鱼类，适应性强，在流水、静水中均能生长、繁殖。常群栖于水体沿岸区的上层，行动迅速。冬季潜入深水层越冬。

生境与分布：见于建德各水系；生于江河、湖泊、池塘及沟渠中；省内分布于各大水系。

174 草鱼 *Ctenopharyngodon idella* 鲤科 Cyprinidae

形态特征：体呈茶黄色，背部青灰，腹部灰白，胸、腹鳍带灰黄色，其余各鳍较淡。背鳍基部较短，无硬刺，其起点在腹鳍起点稍前方，较近吻端。胸鳍末端不达腹鳍。腹鳍短，末端不达肛门。臀鳍末端伸至尾鳍基部。尾鳍叉形，上下叶对称，末端圆钝。生活于江河、湖泊、水库中水面宽广、水流平稳的中下层水体，属大型淡水经济鱼类。

生境与分布：见于建德各水系；生于江河、湖泊、池塘及水库中；省内分布于各大水系。

175 大眼华鳊 *Sinibrama macrops* 鲤科 Cyprinidae

形态特征：背部呈青灰色或黄褐色，向腹面色泽渐变淡。沿侧线上下方的每列鳞片具暗色斑点。背鳍、尾鳍和胸鳍浅灰色或浅黄色，背鳍上角和尾鳍边缘黑色。臀鳍和腹鳍无色。大眼华鳊栖息于溪河岸边水流缓慢的浅水中，夏季常成群活动于水体的中下层，冬季潜于水底越冬。主要摄食岩石上附生的藻类和小鱼等，也食植物碎屑。产卵期为3～6月间，在水流较急和有砾石底质的浅水区产卵。卵稍带黏性。

生境与分布：见于新安江、富春江、兰江水系及其主要支流；生于江河岸边水流缓慢的浅水区域；省内主要分布于各大水系的中上游。

176 点纹银鮈 *Squalidus wolterstorffi*

鲤科 Cyprinidae

形态特征：体色背部黄褐色，体侧转为浅黄褐色，腹部为极淡的黄白色。在侧线上方有9个轮廓模糊的黑色大斑。在背部尚有数行黑色小点组成的稍为整齐的纵纹。侧线鳞的基部黑色，由此组成断续的纵条。各鳍灰白色。栖息于水系中上游的大溪中。以浮游动物及底栖动物为食。

生境与分布：见于建德各水系；生于各水系中较开阔的水域；省内分布于各大水系。

177 高体鳑鲏 *Rhodeus ocellatus*

鲤科 Cyprinidae

形态特征：体色鲜艳，背部暗蓝色，鳃盖后缘上方有1黑色斑点。尾柄中央有1条黑色纵带，后粗前细，向前伸至侧线末端上方。背鳞上有数列不连续的黑点，尾鳍稍黑，其他各鳍色淡。栖息于沿岸静水区域。性杂食。4～5月份产卵繁殖，此时雄鱼出现鲜艳的婚姻色，其在眼及背鳍和臀鳍上为粉红色，腹部为浅蓝色，全体具虹色闪光，同时在吻端与眼上出现白色的珠星。雌性仍保持素色，产卵管呈粉红色。产卵于蚌体外套腔内。

生境与分布：见于建德各水系；生于沿岸静水区域；省内分布于各大水系。

178 黑鳍鳈 *Sarcocheilichthys nigripinnis* 鲤科 Cyprinidae

形态特征：背部深棕黄色，体侧转淡，腹部黄白色。背部及体侧散布有不规则的大小不一的黑色横斑组成杂乱的斑纹，在侧线上融合成模糊的纵条。在鳃孔后方有1浓黑色的大斑。鳃膜深灰黑色，其边缘淡色。在繁殖期体色加深，鳃盖后缘、鳃膜与峡部出现美丽的橙红色。吻部有珠星，雌体的腹部产卵管延伸至体外。栖息于水流平稳的河流、湖泊及溪流中。活动于沿岸中下水层中。摄食浮游动物及昆虫幼虫，藻类及有机腐屑。

生境与分布：见于建德各水系；生于水流平缓的河流、湖泊及溪流中；省内分布于各大水系。

179 黄颡鱼 *Tachysurus fulvidraco* 鲿科 Bagridae

形态特征：体背黑褐色，两侧黄本色，并有3块断续的黑色条纹，腹部淡黄色，各鳍灰黑色。为底栖性鱼类，适应性强，生活于江河、湖泊、溪流、池塘各种生态环境的水域中。白天潜居洞穴或石块缝隙内，夜出活动觅食。主要食物为螺、蚬、各种昆虫幼虫、水蜘蛛、小虾及小型鱼类。此外，也吃苦草、马来眼子菜、聚草及高等植物碎片。

生境与分布：见于建德各水系；生于江河、湖泊、溪流等各种水域；省内分布于各大水系。

180 鲤鱼 *Cyprinus carpio*

鲤科 Cyprinidae

形态特征：鲤鱼的体色常随环境的变化而发生较大的变化。活鱼通常金黄色，背部色深，腹部色浅。背鳍浅灰色，胸鳍、腹鳍橘黄色，臀鳍、尾鳍下叶呈橘红色。体长中等，侧扁，背稍隆起，腹圆，体为纺锤形。鲤鱼多生活于开阔水域的中下层，适应性强，是一种杂食性鱼类，以软体动物、水生昆虫和水草为主食。

生境与分布：见于建德各水系；生于江河、湖泊、池塘等各种水域；省内分布于各大水系。

181 麦穗鱼 *Pseudorasbora parva* 鲤科 Cyprinidae

形态特征： 背部浅黑褐色，体侧渐渐转淡，腹部灰白色。在体侧每个鳞片的基部黑色而其后缘浅色成环状的镶边。各鳍浅灰色。在繁殖期体色明显加深。在雄鱼的吻部出现粗大的珠星。幼鱼作浅灰黑色，体侧有1条较细的黑色纵纹。栖息于水流平稳的河流、湖泊、池塘沿岸多水草乱石的水域。在溪流中也偶有出现，以浮游动物及底栖动物为主要饵料，兼食藻类及腐屑。初夏季产卵，卵黏着于浮漂的草叶上。

生境与分布： 见于建德各水系；生于江河、湖泊、溪流等各种水域；省内分布于各大水系。

182 南方马口鱼 *Opsariichthys uncirostris* 鲤科 Cyprinidae

形态特征：背部呈灰蓝色，腹部银白色，体侧有许多蓝绿色的垂直斑条。背鳍和臀鳍间膜上有蓝黑色小斑点。其他各鳍橘黄色。眼上方有1块红色斑点。在生殖期间，雄鱼头部、臀鳍上，有粗大珠星，鱼体出现鲜艳的婚姻色。雌鱼保持素色，也无发达的珠星。南方马口鱼栖息于较大溪流水流较平稳的环境中。性凶猛贪食。幼鱼以浮游动物为食，成鱼捕食小鱼、小虾及其他无脊椎动物。

生境与分布：见于建德各水系；生于江河和溪流水流较平缓的水域；省内分布于各大水系。

参考文献

《建德林业志》编纂委员会. 建德林业志[M]. 杭州: 浙江人民出版社, 2011.

邓国右, 许在恩, 吴文骁, 等. 建德市小麂分布特征及活动节律[J]. 绿色科技, 2023, 25(24): 35-38.

黄松. 中国蛇类图鉴[M]. 福州: 海峡书局. 2021.

刘阳, 陈水华. 中国鸟类观察手册[M]. 长沙: 湖南科学技术出版社. 2021.

吕惠飞, 库伟鹏, 吴文骁, 等. 建德市两栖爬行动物多样性及区系分析[J]. 绿色科技, 2023, 25(20): 20-23.

许在恩, 吴文骁, 彭健健, 等. 建德市白鹇分布特征及活动节律[J]. 绿色科技, 2024, 26(2):30-33.

约翰・马敬能, 卡伦・菲力普斯. 中国鸟类野外手册[M], 卢何芬, 译. 长沙: 湖南教育出版社, 2000.

张晔华, 许在恩, 鲍跃群, 等. 建德市野猪分布特征及活动节律[J]. 绿色科技, 2023, 25(20): 24-27.

章旭日, 贺鹏, 岳春雷, 等. 浙江省鸟类多样性与区系分析[J]. 野生动物学报, 2019, 40(3): 685-699.

章旭日, 王裙, 侯楚. 浙江省两栖动物物种现状及区系分析[J]. 野生动物学报, 2020, 41(3): 781-790.

章旭日, 岳春雷, 侯楚, 等. 浙江省爬行动物物种现状及区系特征[J]. 动物学杂志, 2020, 55(2): 189-203.

赵尔宓. 中国蛇类[M]. 合肥: 安徽科学技术出版社, 2006.

浙江动物志编委会. 浙江动物志・淡水鱼类[M]. 杭州: 浙江科学技术出版社, 1990.

浙江动物志编委会. 浙江动物志・两栖爬行类[M]. 杭州: 浙江科学技术出版社, 1991.

浙江动物志编委会. 浙江动物志・鸟类[M]. 杭州: 浙江科学技术出版社, 1990.

浙江动物志编委会. 浙江动物志・兽类[M]. 杭州: 浙江科学技术出版社, 1989.

郑光美. 中国鸟类分类与分布名录[M]. 3版. 北京: 科学出版社, 2017.